Web前端开发与应用教程

农国才 陈灼龙 韩开旭　主　编

刘星毅 方献梅 陈莹 陶卫平 韦光卓　副主编

清华大学出版社

北京

内 容 简 介

本书紧扣互联网行业发展对 Web 前端开发工程师职业的新要求,详细介绍了 HTML、HTML 5 基础、CSS、CSS 3 应用、JavaScript、jQuery 等相关知识,并以智慧农业实践项目作为实操,提升读者的项目实践经验。本书内容由浅入深,循序渐进地引导读者快速入门,并能提高初级及以上读者的实际应用能力,使其快速适应 Web 前端开发工程师职业的新需求。

本书可作为计算机科学与技术及相关专业的教材,也可作为互联网行业相关岗位的工程技术人员的参考书,还可作为初学者的自学参考书。

图书在版编目(CIP)数据

Web 前端开发与应用教程/农国才,陈灼龙,韩开旭主编.—北京:清华大学出版社,2024.2
ISBN 978-7-302-65297-7

Ⅰ.①W… Ⅱ.①农… ②陈… ③韩… Ⅲ.①网页制作工具—教材 Ⅳ.①TP393.092.2

中国国家版本馆 CIP 数据核字(2024)第 018977 号

责任编辑:聂军来
封面设计:刘 键
责任校对:刘 静
责任印制:杨 艳

出版发行:清华大学出版社
   网 址:https://www.tup.com.cn,https://www.wqxuetang.com
   地 址:北京清华大学学研大厦 A 座   邮 编:100084
   社 总 机:010-83470000   邮 购:010-62786544
   投稿与读者服务:010-62776969,c-service@tup.tsinghua.edu.cn
   质量反馈:010-62772015,zhiliang@tup.tsinghua.edu.cn
   课件下载:https://www.tup.com.cn,010-83470410
印 装 者:三河市铭诚印务有限公司
经 销:全国新华书店
开 本:185mm×260mm 印 张:13 字 数:314 千字
版 次:2024 年 3 月第 1 版 印 次:2024 年 3 月第 1 次印刷
定 价:49.00 元

产品编号:102982-01

前　言

　　本书由北部湾大学与北京华晟信息技术股份有限公司联合组织编写，主要面向 21 世纪应用型本科学生及对物联网感兴趣的初学者。目前，市面上关于物联网 Web 的书很多，但是真正贴合实际、面向工程应用的书却少之又少。本书本着深入浅出的原则，紧紧围绕 Web 前端基础的一般原理和技术进行阐述，轻理论推导，重实际应用。本书立足于应用型本科的人才培养目标，同时贯彻 MIMPS 教学法（Master In Management Practice and Simulations）、工程师自主教学的要求，将知识点模块化、分层—交织，以任务驱动的方式安排章节，突出实用性和工程性，力求使抽象的理论具体化、形象化，减少学习的枯燥感，激发学习兴趣，有较强的理论性和实用性。

　　本书共 6 章，主要特点如下。

　　（1）实践性强。改变纯理论教学的思路，编写了大量实战任务和工程案例，通过任务案例理解理论知识，边学边做，让学生掌握实际工作中所需要用到的各种技能。

　　（2）组织架构新。本书在第 1 篇中介绍 Web 技术的发展概述及技术原理，目的是让学生掌握一个大致的框架，然后在第 2、3、4 篇穿插实战项目所需要具备的理论知识，整体上架构清晰，目标明确，培养效果好。

　　（3）内容实用性好。本书由一批具有丰富教学经验的教师和多年工程实践经验的企业培训师联合编写，内容贴合实际又易于学习，实用性好。

　　在本书的编写过程中，得到了北部湾大学与北京华晟信息技术股份有限公司领导的关心和支持，更得到了广大同事的无私帮助及家人的温馨支持，在此向他们表示诚挚的谢意与感激。

　　由于编者水平和学识有限，书中难免存在不妥和疏漏之处，还请广大读者批评、指正。

编　者

2023 年 8 月

目　录

第 3 篇　Web 前端技术进阶篇

第 4 篇　智慧农业系统项目篇

第 1 篇

Web 前端开发技术综述篇

➢ Web 前端开发技术综述

第1章 Web 前端开发技术综述

 项目引入

随着信息技术的飞速发展,网络涉及的领域持续增多,人们对于网络的需求越来越大,网络已经成为现代社会一个不可缺少的组成部分。网络从用于提供新闻阅读,到提供网站与用户之间的互动,使得人与人之间的社会交互更加便捷,网络发展至今已经能够逐步提供人与物,甚至物与物之间的交互。网络给人类的生活带来了翻天覆地的变化,对人类影响重大。未来网络的发展值得人们更加关注。

学习目标

➢ 了解 Web 的发展历史。
➢ 了解 Web 前端开发工程师的职业需求。
➢ 掌握 Web 网站的相关基本概念。

思政素养

树立科技报国和爱国主义精神。了解 Web 的发展历程和技术发展,提升数字素养与信息素养,缩小数字鸿沟,培养适应信息社会的能力。

1.1 Web 综述

1.1.1 Web 的发展历程

1989 年欧洲粒子物理研究所(CERN)中由 Tim Berners-Lee 领导的小组提交了一个针对 Internet 的新协议和一个使用该协议的文档系统,该小组将这个新系统命名为 World Wide Web,它的目的在于使全球的科学家能够利用 Internet 交流自己的工作文档。

这个新系统被设计为允许 Internet 上任意一个用户都可以从许多文档服务计算机的数据库中搜索和获取文档。1990 年年末,这个新系统的基本框架已经在 CERN 中的一台计算机中开发出来并实现了相应功能,1991 年该系统被移植到其他计算机平台,并正式发布。

1. Web 1.0

最早的网络构想来源于 1980 年由 Tim Berners-Lee 构建的 ENQUIRE 项目,这是一个超文本在线编辑数据库,尽管它看上去与现在使用的互联网不太一样,但是在许多核心思想上却是一致的。Web 1.0 时代开始于 1994 年,其主要特征是大量使用静态的 HTML 网页来发布信息,并开始使用浏览器来获取信息,这期间主要是单向的信息传递。通过 Web,可以使互联网上的资源在一个网页里比较直观地呈现出来,而且资源之间可以在网页上任意链接。Web 1.0 的本质是聚合、联合、搜索,其聚合的对象是巨量、无序的网络信息。但 Web 1.0 只解决了人对信息搜索、聚合的需求,而没有解决人与人之间沟通、互动和参与的需求,所以 Web 2.0 应运而生。

2. Web 2.0

Web 2.0 始于 2004 年 3 月 O'Reilly Media 公司和 MediaLive 国际公司的一次头脑风暴会议。Tim O'Reilly 在发表的 *What Is Web 2.0* 一文中概括了 Web 2.0 的概念,并给出了描述 Web 2.0 的框图——Web 2.0 Meme Map,该文成为 Web 2.0 研究的经典文章。此后关于 Web 2.0 的相关研究与应用迅速发展,Web 2.0 的理念与相关技术日益成熟和发展,推动了 Internet 的变革与应用的创新。在 Web 2.0 中,软件被当成一种服务,Internet 从一系列网站演化成一个成熟的为最终用户提供网络应用的服务平台,强调用户的参与、在线的网络协作、数据储存的网络化、社会关系网络、RSS 应用以及文件的共享等,这成为 Web 2.0 发展的主要支撑和表现。Web 2.0 模式大大激发了创造和创新的积极性,使 Internet 重新变得生机勃勃。Web 2.0 的典型应用包括 blog、Wiki、RSS、tag、SNS、P2P、IM 等。

3. Web 2.0 与 Web 1.0 的区别

(1) Web 2.0 更加注重交互性。用户在发布内容过程中不仅实现与网络服务器之间交互,而且也实现了同一网站不同用户之间的交互,以及不同网站之间信息的交互。

(2) Web 2.0 符合 Web 标准的网站设计。Web 标准是国际上正在推广的网站标准,通常所说的 Web 标准一般是指网站建设采用基于 XHTML 的网站设计语言,实际上,Web 标准并不是某一标准,而是一系列标准的集合。Web 标准中典型的应用模式是"CSS+XHTML",摒弃了 HTML 4.0 中的表格定位方式,其优点之一是网站设计代码规范,并且减少了大量代码,减少了网络带宽资源的浪费,加快了网站访问速度。更重要的一点是,符合 Web 标准的网站对于用户和搜索引擎更加友好。

(3) Web 2.0 网站与 Web 1.0 没有绝对的界限。Web 2.0 技术可以成为 Web 1.0 网站的工具,一些在 Web 2.0 概念之前诞生的网站本身也具有 Web 2.0 特性,例如,B2B 电子商务网站的免费信息发布和网络社区类网站的内容也来源于用户。

(4) Web 2.0 的核心不是技术而在于指导思想。Web 2.0 有一些典型的技术,但技术是为了达到某种目的所采取的手段。Web 2.0 技术本身不是 Web 2.0 网站的核心,重要的在于典型的 Web 2.0 技术体现了具有 Web 2.0 特征的应用模式。因此,与其说 Web 2.0 是互联网技术的创新,不如说是互联网应用指导思想的革命。

(5) Web 2.0 是互联网的一次理念和思想体系的升级换代,从自上而下的由少数资源控制者集中控制主导的互联网体系,转变为自下而上的由广大用户集体智慧和力量主导的互联网体系。

(6) Web 2.0 体现交互,可读可写各种微博、相册等是其体现,用户参与性更强。

4. Web 3.0

Web 3.0 是 Internet 发展的必然趋势,是 Web 2.0 的进一步发展和延伸。Web 3.0 在 Web 2.0 的基础上,将杂乱的微内容进行最小单位的继续拆分,同时进行词义标准化、结构化,实现微信息之间的互动和微内容之间基于语义的链接。Web 3.0 能够进一步深度挖掘信息并使其直接与底层数据库进行互通,并把散布在 Internet 上的各种信息点及用户的需求点聚合和对接起来,通过在网页上添加元数据,使机器能够理解网页内容,从而提供基于语义的检索与匹配,使用户的检索更加个性化、精准化和智能化。对 Web 3.0 的定义是网站内的信息可以直接和其他网站相关信息进行交互,能通过第三方信息平台同时对多家网站的信息进行整合使用。

Web 3.0 的技术特性有以下几方面。

(1) 智能化及个性化搜索引擎。

(2) 数据的自由整合与有效聚合。

(3) 适合多种终端平台,实现信息服务的普适性。

5. Web 3.0 与 Web 1.0、Web 2.0 的区别

从用户参与的角度来看,Web 1.0 的特征以静态、单向阅读为主,用户仅是被动参与;Web 2.0 则是一种以分享为特征的实时网络,用户可以实现互动参与,但这种互动仍然是有限的;Web 3.0 则以网络化和个性化为特征,可以提供更多人工智能服务,用户可以实现实时参与。

从技术角度看,Web 1.0 依赖的是动态 HTML 和静态 HTML 网页技术;Web 2.0 则以 blog、tag、SNS、RSS、Wiki、六度分隔、XML、AJAX 等技术和理论为基础;Web 3.0 的技术特点是综合性的,语义 Web、本体是实现 Web 3.0 的关键技术。

从应用角度来看,传统的门户网站中,新浪、搜狐、网易等是 Web 1.0 的代表;博客中国、新浪微博、微信等是 Web 2.0 的代表;iGoogle、阔地网络等是 Web 3.0 的代表。

1.1.2　Web 的技术标准和应用领域

1. Web 的技术标准

1) HTML 语言

超文本置标语言(hyper text markup language,HTML)是网页的骨骼,是为网页创建和其他可在网页浏览器中看到的信息而设计的一种标记语言。

HTML 的最新版本是 HTML 5,它是 HTML 下一个的主要修订版本,现在仍处于发展阶段。目标是取代 1999 年所制定的 HTML 4.01 和 XHTML 1.0 标准,以期能在互联网应用迅速发展的时候,使网络标准符合网络需求。

HTML 是网页的核心,是一种制作 Web 页面的标准语言,是 Web 浏览器使用的一种语言,它消除了不同计算机之间信息交流的障碍。因此,它是目前网络上应用最为广泛的语言,也是构成网页文档的主要语言,学好 HTML 是成为 Web 开发人员的基本条件。

HTML 是一种标记语言,能够创建 Web 页面并在浏览器中显示。HTML 5 作为 HTML 的最新版本,引入了多项新技术,大大增强了对于应用的支持能力,使得 Web 技术不再局限于呈现网页内容。

随着 CSS、JavaScript、Flash 等技术的发展,Web 对于应用的处理能力逐渐增强,用户浏览网页的体验也有了较大的改善。HTML 5 中的几项新技术实现了质的突破,使得 Web 技术首次被认为能够接近于本地原生应用技术,开发 Web 应用真正成为开发者的一个选择。

HTML 5 可以使开发者的工作大大简化,理论上单次开发就可以在不同平台借助浏览器运行,降低了开发的成本,这也是 HTML 5 技术被业界普遍认可的主要优点之一。AppMobi、摩托罗拉、Sencha、Appcelerator 等公司均已推出了较为成熟的开发工具,支持 HTML 5 应用的发展。

HTML 发展历程如表 1-1 所示。

表 1-1   HTML 发展历程

版 本	发布日期	说 明
HTML 1.0	1993 年 6 月	作为互联网工程工作小组(IETF)工作草案发布(非标准)
HTML 2.0	1995 年 11 月	作为 RFC1866 发布
HTML 3.2	1996 年 1 月	W3C(万维网联盟)推荐标准
HTML 4.0	1997 年 12 月	W3C 推荐标准
ISO HTML	2000 年 5 月	基于严格的 HTML 4.01 语法,是国际标准化组织和国际电工委员会的标准
XHTML 1.0	2000 年 1 月	W3C 推荐标准,后来经过修订于 2002 年 8 月重新发布
XHTML 1.1	2001 年 5 月	较 XHTML 1.0 有微小改进
XHTML 2.0 草案	没有发布	2009 年,W3C 停止了 XHTML 2.0 工作组的工作
HTML 5 草案	2008 年 1 月	目前 HTML 5 规范发布的草案
HTML 5	2014 年 10 月	W3C 推荐标准

2) 层叠样式表

层叠样式表(cascading style sheets,CSS)是一种用来表现 HTML(标准通用标记语言的一个应用)或 XML(标准通用标记语言的一个子集)等文件样式的计算机语言。

CSS 结构如图 1-1 所示。

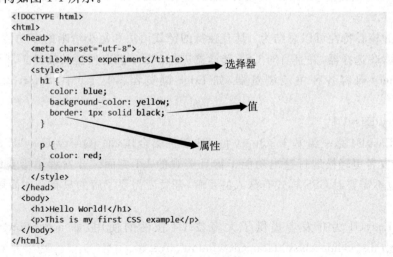

图 1-1   CSS 结构

3) JavaScript

如果说 HTML 定义网页的内容,CSS 定义网页的呈现形式,JavaScript 则定义特殊的行为。建立网站不可能脱离 HTML(如果要让网站看起来很吸引人,则离不开 CSS),但 JavaScript 并不是必需的。在大多数情况下,JavaScript 的特性都是用于增强访问者体验的——它们在由 HTML 和 CSS 构建的核心体验的基础上进行增强。

JavaScript 脚本语言具有以下特点。

(1) JavaScript 是一种解释型的脚本语言,C、C++ 等语言先编译后执行,而 JavaScript 是在程序的运行过程中逐行进行解释。

(2) JavaScript 是一种基于对象的脚本语言,它不仅可以创建对象,也能使用现有的对象。

(3) JavaScript 语言中采用的是弱类型的变量类型,对使用的数据类型未做出严格的要求,是基于 Java 基本语句和控制的脚本语言,其设计简单、紧凑。

(4) JavaScript 是一种采用事件驱动的脚本语言,它不需要经过 Web 服务器就可以对用户的输入做出响应。在访问一个网页时,鼠标在网页中进行单击、上下移动、窗口移动等操作时,JavaScript 都可直接对这些事件给出相应的响应。

(5) JavaScript 脚本语言不依赖于操作系统,仅需要浏览器的支持。因此,一个 JavaScript 脚本在编写后可以在任意机器上使用,前提是机器上的浏览器支持 JavaScript 脚本语言。现如今 JavaScript 已被大多数的浏览器所支持。

(6) 不同于服务器端脚本语言,如 PHP 与 ASP,JavaScript 主要被作为客户端脚本语言在用户的浏览器上运行,不需要服务器的支持。所以在早期程序员比较青睐于 JavaScript,以减少对服务器的负担,而与此同时也带来另一个问题——安全性。

4) jQuery

jQuery 是一个快速、简洁的 JavaScript 框架,是继 Prototype 之后又一个优秀的 JavaScript 代码库(框架),它于 2006 年 1 月由 John Resig 发布。jQuery 设计的宗旨是 "Write Less,Do More",即倡导写更少的代码,做更多的事情。它封装 JavaScript 常用的功能代码,提供一种简便的 JavaScript 设计模式,优化 HTML 文档操作、事件处理、动画设计和 AJAX 交互。

jQuery 的核心特性可以总结为:具有独特的链式语法和短小清晰的多功能接口;具有高效灵活的 CSS 选择器,并且可对 CSS 选择器进行扩展;拥有便捷的插件扩展机制和丰富的插件。jQuery 兼容各种主流浏览器,如 Edge 浏览器、FF 1.5+、Safari 2.0+、Opera 9.0+ 等。

5) jQuery EasyUI

jQuery EasyUI 是一组基于 jQuery 的 UI 插件集合体,而 jQuery EasyUI 的目标就是帮助 Web 开发者更轻松地打造出功能丰富且美观的 UI 界面。开发者不需要编写复杂的 JavaScript,也不需要对 CSS 样式有深入的了解,开发者需要了解的只有一些简单的 HTML 标签。

jQuery EasyUI 为开发者提供了大多数 UI 控件的使用,如 accordion、combobox、menu、dialog、tabs、validatebox、datagrid、window、tree 等。

jQuery EasyUI 是基于 jQuery 的一个前台 UI 界面的插件,功能不如 ExtJS 强大,但页面也是相当好看的,同时页面支持各种 themes,以满足使用者对于页面不同风格的喜好。jQuery EasyUI 的功能足够开发者使用,相对于 ExtJS 更轻量。

jQuery EasyUI 有以下特点:基于 jQuery 用户界面插件的集合;为一些当前用于交互的 JS 应用提供必要的功能;支持两种渲染方式,分别为 JavaScript 方式[如 $('♯p')$. panel $(\{...\})$]和 HTML 标记方式(如 class="easyui-panel");支持 HTML 5(通过 data-options 属性);开发产品时可节省时间和资源;简单,但很强大;支持扩展,可根据自己的需求扩展控件。jQuery EasyUI 也存在一些不足,正以版本递增的方式不断完善。

6) Bootstrap

Bootstrap 是美国推特公司的设计师基于 HTML、CSS、JavaScript 开发的简洁、直观、性能强大的前端开发框架,使得 Web 开发更加快捷。Bootstrap 提供了优雅的 HTML 和 CSS 规范,它是由动态 CSS 语言 Less 写成的。Bootstrap 一经推出后广受欢迎,一直是 GitHub 上的热门开源项目,包括 NASA 和 MSNBC(微软全国广播公司)的 Breaking News 都使用了该项目。国内一些移动开发者较为熟悉的框架,如 WeX 5 前端开源框架等,也是基于 Bootstrap 源码进行性能优化而来。

Bootstrap 提供了一个带有网格系统、链接样式、背景的基本结构。

Bootstrap 自带的特性包括全局的 CSS 设置、定义基本的 HTML 元素样式、可扩展的 class,以及一个先进的网格系统。

Bootstrap 包含十几个可重用的组件,用于创建图像、下拉菜单、导航、警告框、弹出框等。

Bootstrap 包含十几个自定义的 jQuery 插件,可以直接包含所有的插件,也可以逐个包含这些插件。

用户可以定制 Bootstrap 的组件、Less 变量和 jQuery 插件,以得到自己的版本。

7) Vue.js

Vue.js 是 iOS 和 Android 平台上的一款 Vlog 社区与编辑工具,允许用户通过简单的操作实现 Vlog 的拍摄、剪辑、细调和发布,记录与分享生活。另外,Vue 还可以在社区直接浏览他人发布的 Vlog 与发布者互动。

Vue.js 通过点按改变视频的分镜数,实现简易的剪辑效果,而剪辑能够让视频传达更多的信息。Vue.js 提供电影调色专家调制的 12 款滤镜,切换至前置摄像头会出现自然的自拍美颜功能。Vue.js 支持 40 款手绘贴纸,还可以编辑贴纸的出现时间。Vue.js 支持 1∶1、16∶9 及 2.39∶1 三种画幅的视频拍摄。Vue.js 支持分享至社交网络。

2. Web 应用软件应用领域

凡是能够通过网络(无论是国际互联网还是企业内联网)访问和操作的应用软件都可以称为 Web 应用软件。Web 应用软件也可以指任何能够运行在浏览器控制的环境(如 Java Applet)中的计算机软件程序,或是使用浏览器支持的语言(如 JavaScript,它能够与可以执行的标识语言结合在一起使用,如 HTML 浏览器)开发的、并可以在任何一款常见的浏览器上运行的计算机软件程序。目前,常见的 Web 应用软件有各种在线销售系统与拍卖系统、Web 邮件系统等。Web 应用软件开发的目的就是向用户提供以浏览器作为客户端界面的、能够通过网络(国际互联网或企业内联网)访问和使用的应用软件。

　　应用软件通常在结构上都可以被分解成若干个被称为"层"的逻辑块，每一层都发挥着不同的作用。传统的应用软件仅有一层结构，并且在客户机上运行。后来，随着计算机软件技术、计算机硬件技术、网络技术的发展，又不断出现了具有两层结构、三层结构甚至多层结构的应用软件。但是，不管是几层结构，人们要追求的目标始终都是提高软件开发与部署效率，以及确保软件在使用过程中的可靠性和可扩展性。

　　Windows DNA 的三层结构如图 1-2 所示。

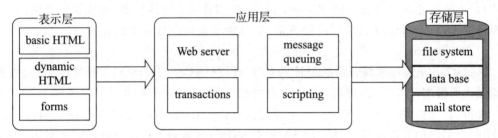

图 1-2　Windows DNA 的三层结构

　　Web 应用软件是指那些以浏览器软件为客户端，能够通过网络（无论是国际互联网还是企业内联网）访问和操作的应用软件。在当前的软件技术水平下，大多数 Web 应用软件都采用的是表示层、应用层和存储层三层体系架构。当需要解决比较复杂的问题时，Web 应用软件也会采用多层结构。在这种情况下，通常是将应用层再进行细分。譬如，将应用层进一步分解为业务逻辑层和数据访问层。

　　Web 应用软件开发所涉及的范围非常广，它既可以是非常简单的纯文本网页开发，也可以是非常复杂的基于 Web 的互联网应用软件、电子商务软件或社交服务软件的开发。因此，从广义上说，Web 应用软件开发包括了与交付一个国际互联网网站或企业内联网网站相关的所有工作，如网页设计、网站内容开发、客户联系、客户端/服务器端脚本编写、网站服务器配置、网络安全配置、电子商务开发等。但是，在本书中，当提到"Web 应用软件开发"时，主要指的是那些与网站规划、网站内容设计无关的网页实现及各种代码编写工作，主要包括以下内容。

　　（1）与 Web 应用软件人机界面（表示层）开发相关的客户端编程。

　　（2）与 Web 应用软件中业务逻辑层、数据访问层开发相关的服务器端编程。

　　（3）Web 应用软件涉及的数据库（存储层）的建立。

　　鉴于信息安全已经是网络时代不能够回避的公众关注问题，因此 Web 应用软件开发人员也同样应该具备完备的信息安全意识，并将其充分体现在向客户交付的所有 Web 应用软件中。

　　软件开发企业在提供软件产品与技术服务的过程中，为了有效地控制成本，都会认真制定工作流程，合理分解工作任务，识别不同工作任务对技术人员专业能力的具体要求。通过高低搭配，组建专业能力结构合理的工作团队，让技术水平不同的技术人员能够协同工作，最终产生令人满意的工作效率、工作质量和工作结果。

　　常见的计数器、留言板、聊天室和论坛 BBS 等，都是 Web 应用程序，不过这些应用相对比较简单，而 Web 应用程序的真正核心主要是对数据库进行处理，管理信息系统（management information system，MIS）就是这种架构最典型的应用。

MIS 可以应用于局域网,也可以应用于广域网。基于 Internet 的 MIS 以其成本低廉、维护简便、覆盖范围广、功能易实现等诸多特性,得到越来越多的应用。

1.1.3　Web 的开发工具

1. HBuilder

HBuilder 是用来编写 HTML 等前端代码的编辑器。很多软件的快捷键没有规律,难以记忆,为了解决这个问题,HBuilder 引入了快捷键语法。HBuilder 的快捷键是有规律的,虽然与其他软件不同。但记忆几条快捷键语法,就能记住大多数快捷键。

1) 快捷键

Alt 是跳转,Shift 是转义,Ctrl 是操作。例如,Alt+括号、引号是即转到对应的符号。Shift+回车是
,Ctrl+D 是删除行,Ctrl+F2 是重构命名。

Ctrl+某字母与 Ctrl+Shift+相同字母,大多代表相反意义。例如,Ctrl+P 和 Ctrl+Shift+P,分别是开启和关闭边看边改模式。

HBuilder 继承 Windows 所有标准快捷键。例如,Tab 和 Shift+Tab 是缩进与反缩进,Ctrl+左、右键是光标向相应方向跳转一个单词。

所有菜单命令都有快捷键,按下 Alt+F 等字母的组合键就可以激活菜单,菜单里每个项目文字后面括号里的字母都是快捷键,按下字母就激活那个菜单项。

2) 代码块激活字符原则

连续单词的首字母。例如,在 JS 中,dg 激活"document.getElementById("");",vari 激活"var i=0;"。而 CSS 中,dn 激活"display：none;"。

整段 HTML 一般使用 tag 的名称,如 script、style。通常,输入最多四个字母即可匹配到需要的代码块,不需要完整录入。例如,sc+回车、st+回车,即可完成 script、style 标签的输入。

同一个 tag,有多个代码块输出,则在最后加后缀。例如,meta 输出"<meta name="" "content=""/>",但 metau 输出"<meta charset="UTF-8"/>",metag 同理。

如果原始语法超过四个字符,针对常用语法,则第一个单词的激活符使用缩写。比如,input button 缩写为 inbutton。同理,intext 是输入框。

JS 的关键字代码块,是在关键字最后加一个重复字母。例如,if 直接输入会提示 if 关键字,但输入 iff 后再按回车键,则出现 if 代码块。类似的有 forr、withh 等。由于 funtion 字母较长,为加快输入速度,取 fun 缩写,例如,funn,输出 function 代码块;而 funa 和 func,分别输出匿名函数和闭包。

3) HBuilder 新建项目

双击运行桌面上的软件图标,进入软件界面。选择菜单栏中的【文件】→【新建】→【Web 项目】选项,会出现如图 1-3 所示窗口。

这时,在【项目名称】文本框中输入名称,单击【完成】按钮即可创建一个空的 Web 项目。创建完成后会在项目管理器中产生一个如图 1-4 所示的项目结构。

双击"index.html"文件即可编辑,在软件右上角【开发视图】中将其模式更改为【边看边改模式】,如图 1-5 所示。

图 1-3　HBuilder 新建项目

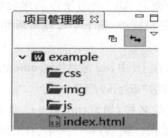

图 1-4　项目结构

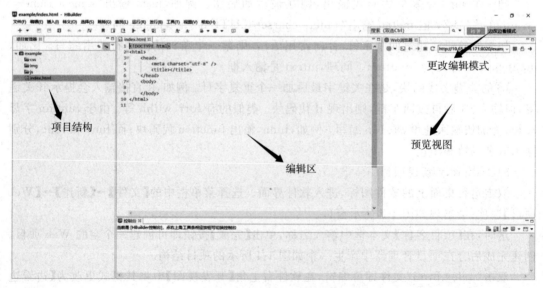

图 1-5　HBuilder 开发视图

2. 图片处理工具

Photoshop 是 Adobe 公司旗下最为出名的图像处理软件之一,如图 1-6 所示。它提供了灵活便捷的图像制作工具和强大的像素编辑功能,被广泛运用于数码照片后期处理、平面设计、网页设计及 UI 设计等领域。

3. NotePad

NotePad 是指代码编辑器或 Windows 中的"记事本"程序。在 Windows 中主要用于文本编辑。一款开源、小巧、免费的纯文本编辑器。建议初学者使用 NotePad 进行编写,这样可以增加代码编写体验,增强对代码的理解和记忆。

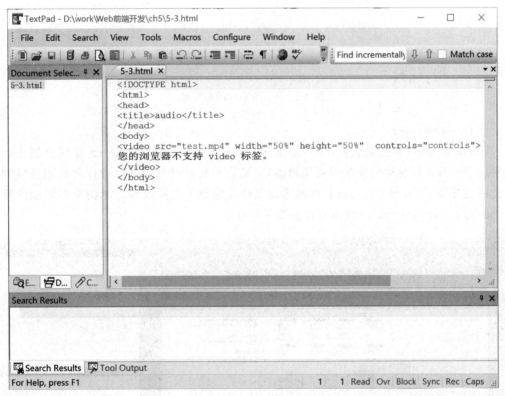

图 1-6　Photoshop 图标

4. TextPad

TextPad 是一个强大的替代 Windows 记事本 NotePad 的文本编辑器,编辑文件的大小只受虚拟内存大小的限制,支持拖放式编辑,可以把它作为一个简单的网页编辑器使用。普通用户也可不安装模板而只使用单独的主程序,TextPad 支持 Windows 2000 的 Unicode 编码。可以编译、运行简单的 Java 程序。TextPad 编辑页面如图 1-7 所示。

图 1-7　TextPad 编辑页面

5. WebStorm

WebStorm 中文译名为网络风暴,是 JetBrains 公司旗下一款 JavaScript 开发工具,被广大中国 JS 开发者誉为"Web 前端开发神器""最强大的 HTML 5 编辑器""最智能的 JavaScript IDE"等。WebStorm 编辑页面如图 1-8 所示。

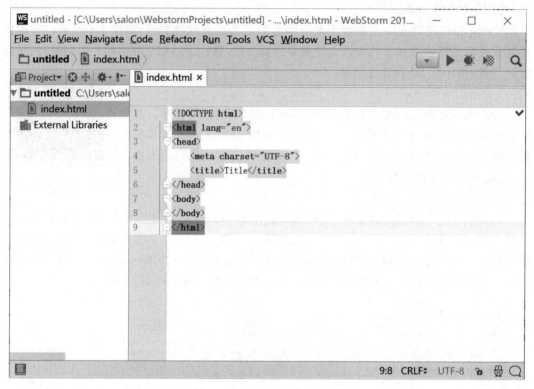

图 1-8　WebStorm 编辑页面

6. Dreamweaver

　　Dreamweaver(梦想编织者,DW)是美国 Macromedia 公司开发的一款集网页制作和管理网站于一身且所见即所得的网页编辑器,它是第一套针对专业网页设计师特别发展的视觉化网页开发工具,利用它可以轻而易举地制作出跨越平台限制和跨越浏览器限制的充满动感的网页。Dreamweaver 编辑页面如图 1-9 所示。

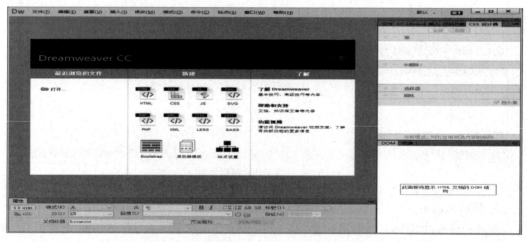

图 1-9　Dreamweaver 编辑页面

1.2 Web 前端工程师的职业需求

1.2.1 Web 前端开发的由来

Web 前端开发是从网页制作演变而来的,名称上有很明显的时代特征。Web 前端开发工程师是一个很新的职业,在国内乃至国际上真正开始受到重视的时间还未超过 10 年。

随着 Web 2.0 概念的普及和 W3C 组织的推广,网站重构的影响力正以惊人的速度增长。HTML+CSS 布局、DHTML 和 AJAX 像一阵旋风,铺天盖地席卷而来,包括新浪、搜狐、网易、腾讯等在内的各行各业的 IT 企业都对自己的网站进行了重构。

随着用户对体验的要求越来越高,前端开发的技术难度变得越来越大,Web 前端开发工程师这一职业终于从设计和制作不分的局面中独立了出来。

我国互联网行业的发展呈迅猛的增长势头,对网站开发、设计制作的人才需求随之大量增加。Web 前端开发正是采用 HTML、CSS、DIV、JavaScript、DOM、AJAX 等技术实现网站整体风格优化与改善用户体验的工作。在一些发达国家,前端开发和后台开发人员的比例为 1∶1,而在我国目前依旧在 1∶3 以下,人才缺口较大。

1.2.2 Web 前端开发工程师的职业要求

Web 前端开发工程师的职业要求是利用 HTML、CSS、DIV、JavaScript、DOM、AJAX 等各种 Web 技术进行产品的界面开发。编写标准、优化的代码,并增加交互动态功能,开发 JavaScript 模块,同时结合服务端开发技术模拟整体效果,进行互联网应用的 Web 开发,致力于通过技术改善用户体验,这需要对用户体验、交互操作流程及用户需求有深入的理解。

Web 前端开发工程师的职业要求如下。

(1)掌握基本的 Web 前端开发技术,其中包括(X)HTML、CSS、JavaScript、DOM、BOM、AJAX 等。在掌握这些技术的同时,还要清楚地了解它们在不同浏览器上的兼容性情况、渲染原理和存在的问题。

(2)掌握网站性能优化、搜索引擎优化(SEO)和服务器端技术的基础知识。

(3)学会运用各种 Web 前端开发与测试工具进行辅助开发。

(4)除了要掌握技术层面的知识,还要掌握理论层面的知识,包括代码的可维护性、组件的易用性和浏览器兼容性等。

1.3 思政案例 1 爱国人物——钱学森的艰难回国路

本例以"爱国人物——钱学森的艰难回国路"为主题,介绍运用 HTML、CSS、JavaScript 三大技术设计展示页面,如代码 1-1 所示,页面效果如图 1-10 所示。

【代码 1-1】 爱国人物——钱学森的艰难回国路

```
1  <!DOCTYPE html>
```

```
2   <html>
3   <head>
4   <meta charset= "UTF-8">
5   <title> 思政案例 1 爱国人物——钱学森</title>
6   <style type= "text/css">
7   body{text-align: center;margin: 0 50px;}
8   p{font-size: 20px;text-indent: 2em;text-align: left;}
9   h3{font-size: 28px;text-shadow: 0px 0px 5px yellow;color: red;}
10  </style>
11  </head>
12  <body>
13  <h3> 爱国人物——钱学森的艰难回国路</h3>
14  <p> 钱学森(1911 年 12 月 11 日—2009 年 10 月 31 日),出生于上海,籍贯浙江杭州,中国共产
    党的优秀党员,忠诚的共产主义战士,享誉海内外的国家杰出贡献科学家和中国航天事业的奠
    基人,中国科学院、中国工程院资深院士,中国人民政治协商会议第六届、七届、八届全国委员会
    副主席,"两弹一星功勋奖章"获得者 。</p>
15  <p> 1991 年 10 月钱学森被国务院、中央军委授予"国家杰出贡献科学家"荣誉称号,被中央军
    委授予一级英雄模范奖章。1999 年 9 月被党中央、国务院、中央军委授予"两弹一星功勋奖章"。
    2009 年 10 月 31 日在北京逝世,享年 98 岁。</p>
16  < img width= "450" height= "300" src= "img/qxs.png"/>
17  <p> 1948 年,祖国解放事业胜利在望,钱学森开始准备回国,为此,他要求退出美国空军科学咨
    询团。</p>
18  <p> 1950 年 7 月,美国政府决定取消钱学森参加机密研究的资格,理由是他与威因•鲍姆有朋
    友关系,并指控钱学森是美国共产党员,非法入境。钱学森这时立即决定以探亲为名回国,准备
    一去不返,但当他一家将要出发时,钱学森被拘留起来,两星期后虽经同事保释出来,但继续受
    到移民局的限制和联邦调查局特务的监视,被滞留 5 年之久。鉴于美国军方不放钱学森回国,
    而且美国海军部副部长甚至威胁说:"一个钱学森抵得上五个海军陆战师,我宁可把这个家伙枪
    毙了,也不能放他回中国去。"</p>
19  <p> 1950 年 9 月 7 日,美国司法部移民规划局非法拘留了钱学森,并把他关押在洛杉矶以南特
    米洛岛的拘留所里。强大的探照灯 24 小时对准他,不让他获得休息,每隔十分钟就有一个士兵
    要打开这个笨重的铁门,伸进头来看看他有没有逃跑? 被拘禁 15 天后,加州理工学院院长和钱
    学森的导师等人凑齐了一万五千元美金将钱学森保释出狱,出狱当天蒋英来到特米洛岛接钱学
    森回家。到家发现钱学森失声了,不会说话,体重 15 天内掉了 15 公斤。经过休养,钱学森的失
    声得到康复,但是他不能从事自己之前的研究,他必须每月向洛杉矶移民局汇报行踪。</p>
20  <p> 1954 年,钱学森具有开创性的研究成果《工程控制论》一书在美国出版。
21  至 1955 年,钱学森被美国政府无端软禁、扣留已有五年,钱学森陆续从报纸上读到中美两国谈
    判双方侨民归国的问题,特别是美国报纸宣称"中国学生愿意回国者皆已放回",钱学森决定请
    求中国政府给予帮助,给时任全国人大常委会副委员长陈叔通写信,报告自己被美国拘留、有国
    难归的困境。为了把这封信准确"发射"到陈叔通手中,钱学森经过了精心的考虑,他让蒋英用
    左手写,模仿儿童的笔迹,在信封上写了妹妹的地址,以便让联邦调查局的特工认不出是蒋英的笔
    迹。如何避开美国特工的监视把信投进邮筒,也是重要一环。钱学森和蒋英来到一家商场,钱
    学森在门口等待,蒋英进入商场。钱学森站在商场门口,特工也就等在商场之外。蒋英走进商
    场,看看周围无人注意她,就悄悄把信投进了商场里的邮筒。这封信躲过了联邦调查局的监视,
    安全到达比利时。蒋英的妹妹蒋华收到信件之后,立即转寄给在上海的钱学森父亲钱均夫。钱
    均夫马上寄给北京的老朋友陈叔通。陈叔通当即转交周恩来总理。这一系列的转寄,都安全无
    误。周恩来深知钱学森这封信的重要,令外交部把信转交给正在日内瓦进行中美大使级谈判的
    中方代表王炳南,并指示:"这封信很有价值。这是一个铁证,美国当局仍在阻挠中国平民归国。
    你要在谈判中用这封信揭穿他们的谎言。"</p>
```

22　　`<p>` 1955 年 8 月 5 日,在中国政府的交涉下钱学森终于收到了美国司法部移民规划局的信件,被告知可以离开美国。同年 9 月 17 日,洛杉矶的晨报上印着特大字号的通蓝标题"火箭专家钱学森返回红色中国"。在码头上面对媒体记者和赶来送行的朋友们,钱学森告诉他们:"我将尽我所能帮助中国人民建设一个幸福而有尊严的国度。"`</p>`

23　　`</body>`

24　　`</html>`

爱国人物——钱学森的艰难回国路

　　钱学森 (1911年12月11日—2009年10月31日),出生于上海,籍贯浙江杭州,中国共产党的优秀党员,忠诚的共产主义战士,享誉海内外的国家杰出贡献科学家和中国航天事业的奠基人,中国科学院、中国工程院资深院士,中国人民政治协商会议第六届、七届、八届全国委员会副主席,两弹一星功勋奖章获得者。

　　1991年10月钱学森被国务院、中央军委授予"国家杰出贡献科学家"荣誉称号,被中央军委授予一级英雄模范奖章。1999年9月被党中央、国务院、中央军委授予"两弹一星功勋奖章"。2009年10月31日在北京逝世,享年98岁。

　　1948年,祖国解放事业胜利在望,钱学森开始准备回国,为此,他要求退出美国空军科学咨询团。

　　1950年7月美国政府决定取消钱学森参加机密研究的资格,理由是他与威因·鲍姆有朋友关系,并指控钱学森是美国共产党员,非法入境。钱学森这时立即决定以探亲为名回国,准备一去不返,但当他一家将要出发时,钱学森被拘留起来,两星期后虽经同事保释出来,被滞留5年之久。鉴于美国军方不放钱学森回国,而且美国海军部副部长甚至威胁说:"一个钱学森抵得上五个海军陆战师,我宁可把这个家伙枪毙了,也不能放他回中国去。"

　　1950年9月7日,美国司法部移民规划局非法拘留了钱学森,并把他关押在洛杉矶以南特米洛岛的拘留所里。强大的探照灯24小时的对准他,不让他获得休息,每隔十分钟就有一个士兵来打开这个笨重的铁门,伸进头来看看有没有越墙而逃。被拘禁15天后,加州理工学院院长和他的导师等人凑齐了一万五千元美金将钱学森保释出狱,出狱当天蒋英来到特米洛岛接钱学森回家。到家发现钱学森失声了,不会说话,体重15天内掉了15公斤。经过休养,钱学森的失声得到康复,但是他不能从事自己之前的研究,他必须每月向洛杉矶移民局汇报行踪。

　　1954年,钱学森具有开创性的研究成果《工程控制论》一书在美国出版。至1955年,钱学森被美国政府无端软禁、扣留已有五年,钱学森陆续从报纸上读到中美两国谈判双方侨民归国的问题,特别是美国报纸宣称"中国学生愿意回国者皆已放回",钱学森决定请求中国政府给予帮助,给时任全国人大常委会副委员长陈叔通写信,报告自己被美国拘留、有国难归的困境。为了把这封信准确"发射"到陈叔通手中,钱学森经过了精心的考虑,他让蒋英用左手写,模仿儿童的笔迹,在信封上写了妹妹的地址,以使联邦调查局的特工认不出是蒋英的笔迹。如何避开美国特工的监视把信投进邮筒,也是重要一环。钱学森夫妇到了一家商场,钱学森在门口等待,蒋英进入商场。钱学森站在商场门口,特工也就等在商场之外。蒋英进商场,看看周围无人注意她,就悄悄把信投进了商场里的邮筒。这封信躲过了联邦调查局的监视,安全地达比利时。蒋英的妹妹陈华收到信件之后,立即转寄给上海的钱学森父亲钱均夫。钱均夫马上寄给北京的老朋友陈叔通。陈叔通当即转交周恩来总理。周恩来深知钱学森这封信的重要,令外交部把信转交给正在日内瓦进行中美大使级谈判的中方代表王炳南,并指示:"这封信很有价值。这是一个铁证,美国当局在阻挠中国平民归国。你要在谈判中用上这封信揭穿他们的谎言。"

　　1955年8月5日,在中国政府的交涉下钱学森终于收到了美国司法部移民规划局的信件,被告知可以离开美国。同年9月17日,洛杉矶的晨报上印着特大字号的通蓝标题"火箭专家钱学森返回红色中国"。在码头上面对媒体记者和赶来送行的朋友们,钱学森告诉他们:"我将尽我所能帮助中国人民建设一个幸福而有尊严的国度。"

图 1-10　爱国人物——钱学森的艰难回国路效果图

【知识总结】

　　(1) HTML 是超文本标记语言,是网页的骨骼,是为"网页创建和其他可在网页浏览器中看到的信息"设计的一种标记语言。

　　(2) HBuilder 是用来编写 HTML 等前端代码的编辑器。

　　(3) Web 前端开发工程师的职业要求是利用 HTML、CSS、DIV、JavaScript、DOM、AJAX 等各种 Web 技术进行产品的界面开发。

【思考与练习】

　　(1) 简述 Web 前端开发工程师的职业要求。

　　(2) 列举 Web 前端页面开发涉及的技术。

第 2 篇

Web 前端技术基础篇

> HTML 标记语言
> CSS 层叠样式
> JavaScript 脚本语言

第 2 章 HTML 标记语言

项目引入

HTML 文本是由 HTML 命令组成的描述性文本,HTML 命令可以说明文字、图形、动画、声音、表格、链接等,HTML 文件即平常上网所看到的网页。

HTML 是 Web 的描述语言。设计 HTML 的目的是能方便地把存放在一台计算机中的文本或图形与另一台计算机中的文本或图形联系在一起,形成有机的整体,人们不用考虑具体信息是在当前计算机上还是在网络的其他计算机上。只需使用鼠标在某一文档中单击一个图标,Internet 就会马上转到与此图标相关的内容上,而这些信息可能存放在网络的另一台计算机中。

学习目标

➢ 识记:HTML 的基础语法。
➢ 领会:HTML 的开发过程。
➢ 应用:HTML 常用标签的使用。

思政素养

培养学生运用数字化工具解决问题的能力。让学生领略技术战场上的爱国情怀,认识到落后就要挨打,理解那个时代青年的抗争呐喊。

2.1 HTML 概述

2.1.1 HTML 发展现状

万维网(world wide web,WWW,简称 Web)上的一个超媒体文档称为一个页面(page)。作为一个组织或者个人在 Web 上放置开始点的页面称为主页(homepage)或首页,主页中通常包括有指向其他相关页面或其他节点的指针(超级链接),所谓超级链接,就是一种统一资源定位器(uniform resource locator,URL)指针,通过激活(单击)它,可使浏览器方便地获取新的网页。这也是 HTML 获得广泛应用的最重要的原因之一。在逻辑上将视为一个整体的一系列页面的有机集合称为网站(website 或 site)。HTML 是为网页创建和其他可在网页浏览器中看到的信息而设计的一种标记语言。

网页的本质就是 HTML,通过结合使用其他的 Web 技术(如脚本语言、公共网关接口、组件等),可以创造出功能强大的网页。因而,HTML 是 Web 编程的基础,也就是说 Web

是建立在超文本基础之上的。HTML 之所以称为超文本标记语言,是因为文本中包含了所谓"超级链接"点。

HTML 是一种规范、一种标准,它通过标记符号来标记要显示的网页中的各个部分。网页文件本身是一种文本文件,通过在文本文件中添加标记符号,可以告诉浏览器如何显示其中的内容(如文字如何处理、画面如何安排、图片如何显示等)。浏览器按顺序阅读网页文件,然后根据标记符号解释和显示其标记的内容,对书写出错的标记将不指出其错误,且不停止其解释执行过程,开发者只能通过显示效果来分析出错原因和出错部位。需要注意的是,不同的浏览器对同一标记符号可能会有不完全相同的解释,因而可能会有不同的显示效果。

2.1.2　HTML 页面结构

完整的 HTML 文件包括头部和主体两大部分,头部描述了文档的各种属性和信息,包括文档的标题、在 Web 中的位置以及和其他文档的关系等;主体包括文本、段落、列表、表格、绘制的图形以及各种嵌入对象,这些对象称为 HTML 元素。无论是扩展名为.html 的动态页面还是为其他扩展名的动态页面,其 HTML 结构都是这样的,只是在命名网页文件时以不同的扩展名结尾。

(1) 无论是动态还是静态页面,都以<html>开始,以</html>结尾。

(2) <html>后接着是<head>页头,其在<head></head>中的内容在浏览器中是无法显示的,这里是服务器、浏览器链接外部 JS、CSS 样式等的区域,而在<title></title>中放置的是网页标题。

(3) < meta name ="keywords" content ="关键字"/> < meta name ="description" content="本页描述或关键字描述"/>这两个标签里的内容是给搜索引擎看的,说明本网页关键字及本网页的主要内容等,搜索引擎优化(SEO)可以用到。

(4) 正文<body></body>也就是常说的 body 区 ,这里放置的内容可以通过浏览器呈现给用户,其内容可以是表格(table)布局格式内容,也可以是 DIV 布局的内容,还可以直接是文字。这里也是最主要区域,即网页的内容呈现区。

(5) 以</html>结尾,也就是网页闭合。

基本的 HTML 文件结构如下。

```
<! DOCTYPE html>
<html>
     <head></head>
     <body>
     </body>
</html>
```

以上是一个完整的最简单的 HTML 语言基本结构,通过它可以再增加更多的样式和内容充实网页。

注意:网页一般根据 XHTML 标准都要求每个标签闭合,例如,以<html>开始,以</html>闭合;如果没有闭合,例如,<meta name="keywords" content="关键字"/>就不需要</meta>来完成闭合。

以上就是最简单的 HTML 结构,如果需要看更多、更丰富的 HTML 结构,可打开一个网站的网页,单击浏览器的【查看】按钮,然后单击【查看源代码】按钮,即可看见该网页的 HTML 结构,这样便可以根据此源代码来分析此网页的 HTML 结构与内容。

HTML 5 不是一种编程语言,而是一种描述性的标记语言,用于描述超文本中的内容和结构。HTML 最基本的语法是<标记名></标记名>。标记通常是成对使用的,一个开始标记和一个结束标记。

HTML 属性能够赋予标签含义和语境,提供了有关 HTML 元素的更多的信息。属性要在开始标签中指定,通常是以名称/值对的形式出现。

2.1.3　HTML 页面编辑

1. HTML 的编写环境及运行环境

HTML 的编写环境可以是任何一个文字处理软件,如记事本、写字板等。需要注意的是,用记事本或写字板编写的主页文件一定要存成扩展名为.htm 或.html 的文本文件,用别的文字处理软件编写的文件也要保存成这种形式。

HTML 的运行环境是浏览器软件。例如,编写了一个文件名为 my.htm 的超文本文件,用 Edge 浏览器运行的步骤是:在地址栏里输入相应的文件名及其所在的路径。

2. HTML 的基本结构

HTML 的基本结构如下。

```
<html>...</html>
<head>...</head>
<body>...</body>
```

例如:

```
<html>
<head> <title> 这是我的第一个主页</title> </head>
<body> 请在这里填写正文</body>
</html>
```

<html>...</html>:任何的 HTML 都是以<html>开始,以</html>结束,当浏览器看到<html>标签后,就会将其后的方法按照 HTML 的标准进行解释,如果 HTML 文件的内容不在<html>与<html>之间,那么这些文字可能会被解释为一般的文本,而任何在 HTML 中所定义的参数都不会影响这些文本。

<head>...</head>:定义了 HTML 文档的页头部分。

<title>...</title>:指出文档的标题,这种标题会在 Web 浏览器上的标题条内显示出来,但是不会在浏览器主窗口内显示。

<body>...</body>:HTML 的内容都定义在它们之间,以下介绍的 HTML 的语句基本都是在 body 中使用。

3. 背景色和文字色彩

HTML 页面编辑的背景色和文字色彩语言结构如下。

```
<body bgcolor=#  text=#  link=#  alink=#  vlink=#>
```

- bgcolor:背景颜色。

- text：非可链接文字的色彩。
- link：可链接文字的色彩。
- alink：正被单击的可链接文字的色彩。
- vlink：已经被单击过（访问过）的可链接文字的色彩。
- leftmargin：页面左边的空白。
- topmargin：页面上边的空白。
- #=rrggbb：用十六进制表示的三基色（RGB）。

十六进制数主要有 0～9 和 a～f，也可用英文字母来表示：black（黑色）、olive（黄褐色）、teal（深青色）、red（红色）、blue（蓝色）、maroon（褐红色）、dark blue（深蓝色）、gray（灰色）、lime（浅绿色）、fuchsia（浅红色）、white（白色）、green（绿色）、purple（紫色）、silver（银色）、yellow（黄色）、aqua（水绿色）。

4. 背景图像

```
<body background="image_url">
```

背景图像必须是扩展名为.gif、.png 或.jpg 格式的图像文件。image_url 为背景图像的文件全名。

（1）当图像文件与超文本文件在同一个目录下时，可以直接写文件的全名。例如：

```
<body background= "p1.gif">
```

（2）当图像文件在超文本文件所在目录的子目录下时，写上路径及文件全名。例如：

```
<body  background= "image/p1.gif">
```

（3）当不是以上两种情况时，应把文件全名及路径名写上。例如：

```
<body background= file:///E:/mypicture0001.jpg>
```

5. 页面空白（margin）（只适用于 Edge 浏览器）

HTML 中页面空白的语言结构如下。

```
leftmargin       页面左边的空白   <body leftmargin=#>
topmargin        页面上边的空白   <body topmargin=#>
```

6. 标尺线

HTML 的标尺线语言结构如下。

```
<hr size=n width=n width=n%   align=#   color=#   noshade>
```

- size＝n：线粗多少像素。
- width＝n：线长多少像素。
- width＝n％：线长为页面的宽度的 n％。
- align＝left,center,right：设置文本的对齐方式。
- color＝♯：设置线条的颜色。
- noshade：不带阴影（即没有浮雕效果）。

例如：

```
<hr>
<hr size=20>
<hr width=50%>
<hr width=50>
<hr align=center>
<hr align=right>
<hr color=red>
```

2.1.4　HTML 注释

HTML 文档可以插入注释,注释内容不会在浏览器窗口显示。

HTML 注释的格式如下。

```
<!-- 注释内容-->
   <!-- 多行注释内容-->
```

【知识总结】

(1) 网页的本质就是 HTML,通过结合使用其他的 Web 技术(如脚本语言、公共网关接口、组件等),可以创造出功能强大的网页。

(2) HTML 的编写环境可以是任何一个文字处理软件,如记事本、写字板等。

(3) HTML 文档可以插入注释,注释内容不会在浏览器窗口显示。

【思考与练习】

(1) HTML 5 不是一种编程语言,而是一种＿＿＿＿＿＿＿,用于描述超文本中的内容和结构。HTML 最基本的语法是<标记名></标记名>。标记通常是成对使用的,一个＿＿＿＿＿＿＿和一个结束标记。

(2) <head>...</head>定义了 HTML 文档的＿＿＿＿＿＿＿。

(3) <title>...</title>指出文档的＿＿＿＿＿＿＿。

2.2　HTML 文本与图像

设计 Web 页面时要组织好页面的基本元素,同时再配合一些特效,构成一个绚丽多彩的页面。页面的组成对象包括文本、图像、表单、超链接及多媒体等。

2.2.1　HTML 头部元素

HTML 的头部元素用于包含当前文档的相关信息,一般需要包括标题、基底信息、元信息等。一般情况下,CSS 和 JavaScript 都定义在头部元素中,而定义在 HTML 头部的内容往往不会在网页上直接显示。

HTML 的头部元素是以<head>为开始标记,以</head>为结束标记的。

常用的头部标记如表 2-1 所示。

表 2-1　常用的头部标记

标　记	描　述
<base>URL	当前文档的 URL 全称（基底网址）
<basefont>	设定基准的文字字体、字号和颜色
<title>	设定显示在浏览器左上方的标题内容
<meta>	有关文档本身的元信息，例如，用于查询的关键字
<style>	设定 CSS 层叠样式表的内容
<link>	设定外部文件的链接
<script>	设定页面中程序脚本的内容

2.2.2　HTML 文本

1. 文字的样式设置

1) 标题字体

标题字体基本语法如下。

```
<hn>...</hn>
```

其中，n=1、2、3、4、5、6，n 越大，字体越小。这些标题都显示为黑字体。这些标记自动插入一个空行，不必用<p>加空行。因此，一行中无法使用不同大小的字体。例如：

```
<h1> 这是一级标题。</h1>
<h2> 这是二级标题。</h2>
<h3> 这是三级标题。</h3>
<h4> 这是四级标题。</h4>
<h5> 这是五级标题。</h5>
<h6> 这是六级标题。</h6>
```

物理字体如下。

```
<b> 把文字用粗字体来显示</b>
<i> 把文字用斜字体来显示</i>
<u> 在文字下面加下画线</u>
<tt> 打印机风格的字体</tt>
我用上标<sup> 这里的是上标字体</sup>
我用下标<sub> 这里的是下标字体</sub>
<s> 给文字加上删除线</s>
```

逻辑字体如下。

```
<em> 这里用的是强调粗体文字</em>
<strong> 这里用的是对字体的着重强调</strong>
<code> 计算机码文字</code>
<var> 文字变量</var>
<small> 小一号的字体</small>
<big> 大一号的字体</big>
```

2）字体大小设置

字体大小设置基本语法如下。

`<font size=n>...</font>`

其中，n=1、2、3、4、5、6、7 或者＋n、－n

以一种特定的尺寸显示字体，取值范围为 1～7（1 代表最小的字体，7 代表最大的字体）。例如：

```
<font  size=7> 测试对字体大小的控制。</font>
<font  size=6> 测试对字体大小的控制。</font>
<font  size=5> 测试对字体大小的控制。</font>
<font  size=4> 测试对字体大小的控制。</font>
<font  size=3> 测试对字体大小的控制。</font>
<font  size=2> 测试对字体大小的控制。</font>
<font  size=1> 测试对字体大小的控制。</font>
```

3）字体颜色设置

字体颜色设置基本语法如下。

`<font color=#>...</font>`   # 为英文字母或十六进制数表示的三基色(RGB)

例如：

```
<font color=# 000000> 测试对字体颜色的设置。<font>
<font color=red> 测试对字体颜色的设置。</font>
```

字体大小、字体颜色、指定字体的组合使用。例如：

```
<i> <font size=5 color=red> <b> 今天</b> 天气<font size=6> 真好！</font>
<font> </i>
```

4）客户端字体设置

客户端字体设置基本语法如下。

`<font face="# ,# ,...,# ">...</font>`

例如：

`<font face=“隶书”> 华南理工大学大学广州学院</font>`

特殊字符如表 2-2 所示。

表 2-2　特殊字符

特 殊 字 符	符 号 码	特 殊 字 符	符 号 码
空格		§	&sect;
"	&quot;	¢	&cent;
&	&amp;	¥	&yen;
<	&lt;	£	&pound;
>	&gt;	©	&copy;
·	&middot;	®	&reg;
×	&times;	™	&trade;

2. 文字的布局标记

1）行的控制

行的控制的基本语法如下。

`<p>...</p>`

也可只用<p>对文字进行分段。例如：

你好吗？<p> 很好！谢谢！

换行使用
标记。例如：

你好吗？
 很好！谢谢！

不换行使用<nobr>...</nobr>。在<nobr>和</nobr>之间的文字无论有多长都不会换行。

2）文字的对齐

定义标题居左、居中或居右显示的基本语法如下。

`<hn align=#>...</hn> #=left,center,right`

定义一段文字居左、居中或居右显示的基本语法如下。

`<p align=#>...</p>  #=left,center,right`

和 之间的内容居中显示的基本语法如下。

`<center>...</center>`

例如：

```
<h3 align= center>  Hello! Hello! Hello! Hello! </h3>
<h3 align= right>  Hello! Hello! Hello! Hello! </h3>
<center> Hello! Hello! Hello! </center>
```

3）文字的分区显示

文字的分区显示的基本语法如下。

`<div align=#>...</div> #=left,center,right`

例如：

```
<div align= right>  Can you tell me your name? <br>
Please tell me ! ok?
</div>
```

4）换行标记

标记用于定义文本从新的一行显示。其语法格式如下。

`<br>`

它不产生空行，但连续多个的
标记可以产生多个空行的效果。
标记是非成对标记，所以规范的换行标记在使用的时候记为
。

5) 水平线标记<hr>

<hr>标记用于产生一条水平线，以分隔文档的不同部分。其语法格式如下。

```
<hr>
```

<hr> 标记是非成对标记，所以规范的水平线标记在使用的时候记为<hr>。

3. 列表标记

(1) 无序列表<ul><li>...</ul> 的基本语法如下。

```
<ul><li> today<li>tommorow<ul>
<li type=#>  #=disc,circle,squre
<ul>
<li type= disc> ONE <li type= circle> TWO <li type= square>  THREE
</ul>
```

无序列表常用属性如表 2-3 所示。

表 2-3　无序列表常用属性

属　　性	描　　述	属　性　值	
type	设置无序列表的前导符	disc	前导符为●（默认前导符）
		circle	前导符为○
		square	前导符为■

(2) 有序列表<ol><li>...<ol> 的基本语法如下。

```
<ol><li> today<li>tommorow</ol>
<li type=#>#=A(大写字母顺序),a(小写字母顺序),I(大写罗马数字顺序),i(小写罗马数字顺序),1(数字顺序)
<ol> <li type=A> ONE-ONE <li type=A> ONE-TWO<ol>
<ol> <li type=a> ONE-ONE <li type=a> ONE-TWO<ol>
<ol> <li type=I> ONE-ONE <li type=I> ONE-TWO<ol>
<ol> <li type=1> ONE-ONE <li type=1> ONE-TWO<ol>
```

定制有序列表，表中的序号的起始值<ol start=#>　#=number 的基本语法如下。

```
<ol start=5> <li type=a> one-one <li> one-two</ol>
<ol start=10> <li type=i> one-one <li> one-two</ol>
```

有序列表属性如表 2-4 所示。

表 2-4　有序列表属性

属　　性	描　　述	属　性　值	
type	设置有序列表的前导符	1	前导符号为数字 1,2,3,…
		a	前导符号为小写字母 a,b,c,…
		A	前导符号为大写字母 A,B,C,…
		i	前导符号为小写罗马数字 i,ii,iii,…
		I	前导符号为大写罗马数字 I,II,III,…

续表

属　　性	描　　述		属　性　值
start	设置有序列表的起始编号	value	默认从第 1 位开始排序； 不论列表编号是数字、英文字母还是罗马数字，value 的值都是需要起始的数字

（3）定义列表\<dl>\<dt>...\<dd>...\</dl>常用于网页底部的"联系我们"部分。例如：

```
<dl> <dt> today<dd> today will be yesterday!
<dt> tommorow<dd> tommorow will be today! </dl>
```

4．预格式化标记

预格式化标记的基本语法如下。

```
<pre>...<pre>
```

在其中的内容会原封不动地（一般是文本）按照预先编排的格式在浏览器中显示出来。预格式文本一般用在一些特殊场合，如一首诗歌、一个程序、一段代码。一般是在想要按照原先设计的格式显示，而不希望被插入换行符等内容时，使用\<pre>...\</pre>。例如：

```
<pre>
please put your heart into lessons!
OK?
<b> There is two advantages! </b>
<ul><li> learn knowledge!
<li> achieve skill!
<ul>
</pre>
```

\<xmp>...\</xmp>和\<pre>语句相似，不同点是在\<xmp>和\</xmp>之间的文字和 HTML 标记都会原样显示。例如：

```
<xmp>
please put your heart into lessons!
OK?
<b> There is two advantages! </b>
<ul><li> learn knowledge!
<li> achieve skill!
<ul>
</xmp>
```

2.2.3　超链接

超链接标签

1．超链接的概念

浏览者通过单击文本或图片对象，可以从一个页面跳到另一个页面，或从页面的一个位置跳到另一个位置，将可实现这种功能的对象称为超链接对象。

（1）创建超链接的条件：必须同时存在两个端点，一个是源端点，另一个是目标端点。

（2）源端点：网页中的提供链接单击的对象，如链接文本或链接图像。

（3）目标端点：链接跳过去的页面或位置，如某网页、书签等。

超链接标记常用属性如表 2-5 所示。

表 2-5　超链接标记常用属性

属　　性	属　性　值	描　　　述
href	超链接文件路径	指定链接路径（必设属性），用于设置超链接的目标端点
name	书签名	定义书签名称
title	提示文字	设置链接提示文字
target	目标窗口名称	指定打开链接目标文件的窗口

2. 创建超链接的语法格式

创建超链接的语法格式为<a href="目标端点" target="目标窗口名称"title="提示信息">源端点</a>。

语法说明：target 属性可取表 2-6 所示的 5 个值。

表 2-6　target 属性

target 值	描　　　述
_blank	在新窗口中打开链接文档
_self	在窗口中打开链接文档（默认属性）
_parent	在上一级窗口中打开，一般在框架页中经常使用
_top	在浏览器的整个窗口中打开，忽略任何框架
框架窗口名	在指定的框架窗口中打开链接文档

3. 超链接的链接路径

每个文件都有一个指定自己所处位置的标识。对于网页来说，这个标识就是 URL，而对于一般的文件则是它的路径，即所在的目录和文件名。

链接路径就是在超链接中用于标识目标端点的位置标识。常见的链接路径主要有两种类型：绝对路径，文件的完整路径；相对路径，相对于当前文件的路径。

相对路径包含三种情况：①两文件在同一目录下；②链接文件在当前文件的下一级目录；③链接文件在当前文件的上一级目录。

对上述相对路径的链接路径设置：①同一目录，只需输入链接文件的名称；②下一级目录，需在链接文件名前添加"下一级目录名/"；③上一级目录，需在链接文件名前添加"../"。

4. 超链接的类型

按照新内容的不同情况，可以将链接划分为以下几种情况。

1）内部链接

内部链接是指在同一个网站内部，不同网页之间的链接关系。例如：

```
<a href="guide.html">新手指南</a>
<a href="#">常见问题</a>
```

href 的值是链接的目标页面，当 href 的值是"＃"时，指向的是一个空链接。

2）外部链接

外部链接是指跳转到当前网站外部，和其他网站中的页面或其他元素之间的链接关系。例如：

```
<a href="http://www.baidu.com"> 百度</a>
```

跳转到外部网站的时候，只需要将 href 的值设置为该网站的 URL 地址即可。

常见的 URL 格式如表 2-7 所示。

表 2-7　常见的 URL 格式

URL 格式	服　　务	描　　述
http://	WWW	进入万维网
mailto:	E-mail	启动邮件发送系统
ftp://	FTP	进入文件传输服务器
telnet://	Telnet	启动远程登录方式
news://	News	启动新闻讨论组

3）命名锚记链接

命名锚记链接是指跳转到本页面的指定内容。

（1）创建命名锚记。在需要创建命名锚记的位置，将标签的 id 属性设置好。

（2）链接到命名锚记。将链接的 href 的值设置为"♯id 的值"。

4）文件下载链接

文件下载链接是指向某个需下载的文件的链接。

可用于下载的文件类型有.doc、.rar、.cab、.zip、.exe 等。

2.2.4　图片标记

俗话说，一图胜千言，图片在网页中占据重要的位置。图片感官上的形象性，能够直接再现事物本身，直观具体地表达页面内容，更能够增加页面的美观性。图片不仅能够增加网页的吸引力，同时也大幅提升了用户在浏览网页的体验。图片的展示形式丰富多样，不同形式的图片展现也让浏览网页的乐趣变得更加多样化。

图片的格式有很多种，常见的有 JPEG、GIF、BMP、TIFF、PNG 等，选择网页上的图片只有一个原则，即在图片清晰的前提下，文件越小越好。因此，在网页文件中使用较广泛的图片格式为 GIF、JPEG 和 PNG 三种。

GIF 就是图像交换格式，支持 256 种颜色以内的图像；GIF 采用无损压缩存储，在不影响图像质量的情况下，可以生成很小的文件。

JPEG 是一种广泛使用的压缩图像标准，也是网页中最受欢迎的格式，可支持多达 16 兆种颜色。

PNG 格式的图片近年来在网络中也很流行，其特点为不失真，具有 GIF 和 JPEG 的色彩模式，网络传输速度快，支持透明图像的制作。

分辨率是指在单位长度内的像素点数，单位为 dpi，是以每英寸包含的像素来计算的，像素越多,分辨率就越高,图片也就越细腻;反之,图片就会越粗糙。一般来说,图片最好不要超过100kB。

网页中引入图片的方式有两种:一种是以背景图片的方式引用,需要用到标记属性background-image;另一种是用标记<img/>引用。

其基本语法如下。

```
<img src="image_url">
```

图片标记的常用属性如表2-8所示。

表2-8　图片标记的常用属性

属　　性	描　　述
src	指定图片源文件所在路径(必设属性)
alt	设置提示文字
width	设置图片的宽度,单位是px或百分数
height	设置图片的高度,单位是px或百分数
hspace	设置图片与相邻对象之间的左右间距
vspace	设置图片与相邻对象之间的上下间距
align	设置对齐方式
border	设置图片边框,默认情况下,不显示边框

例如:

```
<img src="*.gif" alt="nopicture">
<img src="*.gif" alt="nopicture" width=100 height=200>
<img src="*.gif" align=middle>
<img src="*.gif" align=top>
<img src="*.gif" align=bottom>
<img src="*.gif" align=right>
<img src="*.gif" align=left>
<img src="*.gif" align=left>
<img src="*.gif" align=left  vspace=40 hspace=20>
<img src="*.gif" border=12>
```

图片标记导入图片需要注意图片路径的设置。下面对图片路径进行说明。

1. 相对路径

相对路径就是从源文件本身出发,去寻找引用文件所在的路径地址。通常会有以下三种情况。

绝对路径与相对路径

(1)源文件和引用文件在同一个目录里。例如,将图片register2.jpg从目录img中移出,放置在与guide.html同一个目录default下,这时,在guide.html引入图片register2.jpg的代码将修改如下。

```
<img src="register2.jpg"  alt="用户注册表单页面" title="用户注册2">
```

可以看出,这里src的URL值,只需要写上文件的名字即可。

（2）引用文件在源文件的下级目录里。例如，图片 register2.jpg 还是在目录 img 中，这时，在 guide.html 引入图片 register2.jpg 的代码如下。

```
<img src="img/register2.jpg"  alt="用户注册表单页面" title="用户注册 2">
```

可以看出，这里 src 的 URL 值，需要在文件夹名后面加上正斜杠，再加上文件的名字。

（3）引用文件在源文件的上级目录里。例如，将图片 register2.jpg 从 img 中移出，放置在 guide.html 的上级目录 MobileShop 下，这时，在 guide.html 引入图片 register2.jpg 的代码将修改如下：

```
<img src="../register2.jpg"  alt="用户注册表单页面" title="用户注册 2">
```

假如放置在 guide.html 的上级目录 MobileShop 下的 admin 这个目录下，在 guide.html 引入图片 register2.jpg 的代码将修改如下：

```
<img src="../admin/register2.jpg"  alt="用户注册表单页面" title="用户注册 2">
```

可以看出，使用"../"即可，表示当前文件的上一级目录。

相对路径不仅仅用于引用图片，引用所有的文件、素材都适用的。

2. 绝对路径

绝对路径：在树形目录结构中，绝对路径就是从根节点到去查找一个文件的唯一的通路。HTML 的绝对路径，就是指带域名文件的完整路径，例如，有一个域名为 www.test.com 的网站，申请了虚拟主机，虚拟主机提供商会提供一个目录，比如这个目录为 www，则这个目录 www 就是该网站的根目录。

假设 www 根目录下有一个文件 index.html，这个文件的绝对路径就是 http://www.test.com/index.html。

假设 www 根目录下的 img 文件夹中放置了一张图片 bg.png，这张图片的绝对路径就是 http://www.test.com/img/bg.png。

2.2.5 框架标记

1. <div>层标记

层属于网页中的块级元素，层元素中可以包含所有其他的 HTML 代码。层提供了一种分块控制网页内容的方法，开发者可以通过改变层的位置来改变层中内容在网页中的相对位置。层中的内容与网页中其他元素内容不同之处：各层之间可以彼此叠加，各层在 Z 坐标（垂直于页面的方向上）的次序可以改变。

div 全称 division，意为区分。<div>标签被称为区隔标签，表示一块可显示 HTML 的区域，主要作用是设定字、画、表格等的摆放位置。<div>标签是块元素，需要关闭标签。

其基本语法如下。

```
<div>...</div>
```

2. <iframe>浮动框架标记

浮动框架是一种特殊的框架页面，其可作为 HTML 文档的一部分，是一种嵌套标记。

其基本语法如下。

```
<iframe  src="file_URL" height="value" width="value" name="iframe_name" align
="left|center|right">
```

浮动框架的常用属性如表 2-9 所示。

表 2-9　浮动框架的常用属性

属　　性	属　性　值	描　　述
src	URL	设置浮动框架中显示页面源文件的路径
width	n	设置浮动框的宽度
height	n	设置浮动框的高度
name	string	设置浮动框的名称,以便于其他对象引用它
align	left(左对齐)、right(右对齐)、middle(居中)、bottom(底部对齐)	设置浮动框的对齐方式
frameborder	string	设置浮动框架边框显示状态
scrolling	auto：在需要的情况下出现滚动条 yes：始终显示滚动条 no：从不显示滚动条	设置浮动框架滚动条显示属性
noresize	yes、no	设置浮动框架尺寸调整属性
bordercolor	string	设置浮动框架边框颜色

2.2.6　综合实例

1. 简易灯箱画廊

使用超链接标记<a>、图片标记<img>、无序列表标记<ul>、浮动框架标记<iframe>、层标记<div>等标签实现如图 2-1 所示的简易灯箱画廊效果。

图 2-1　简易灯箱画廊

简易灯箱画廊实现如代码 2-1 所示。

【代码 2-1】　简易灯箱画廊实现

```
1  <html>
2  <head>
3  <meta http-equiv="Content-Type" content="text/html; charset=utf-8"/>
4  <title> 简易灯箱画廊</title>
```

```
5   <style type="text/css">
6   ul{margin: 0 auto;width: 800px;list-style: none;}
7   li{float: left;width: 110px;margin: 5px;}
8   ul li img{width: 100px;height: 100px;}
9   a{color: #ffffff;text-decoration: none;}
10  a:link,a:visited,a:active{color: #0033cc;}
11  a:hover{border-bottom: 4px solid #FF0000;}
12  </style>
13  </head>
14  <body>
15  <h2 align="center">简易灯箱画廊</h2>
16  <ul>
17  <li><a href="img/flower.jpg" target="iframe"><img src="img/flower.jpg"/>
    </a></li>
18  <li><a href="img/beida.jpg" target="iframe"><img src="img/beida.jpg"/></a>
    </li>
19  < li > < a href = " img/13741145094114.jpg" target = "iframe" > < img src = "img/
    13741145094114.jpg"/></a></li>
20  < li > < a href = " img/13741144493450.jpg" target = "iframe" > < img src = "img/
    13741144493450.jpg"/></a></li>
21  < li > < a href = " img/13741145102732.jpg" target = "iframe" > < img src = "img/
    13741145102732.jpg"/></a></li>
22  <li><a href="img/scene.jpg" target="iframe"><img src="img/scene.jpg"/></a>
    </li>
23  </ul>
24  <div align="center">
25  < iframe name = "iframe" src = "img/13741145094114.jpg" width = "600px" height = "
    500px"></iframe>
26  </div>
27  </body>
28  </html>
```

功能描述：单击上面列表的图片，下面的窗口会显示该图片内容。

2. 简易网站导航

使用超链接标记<a>、无序列表标记<ul>、层标记<div>等标签实现如图 2-2 所示的简易网站导航效果。

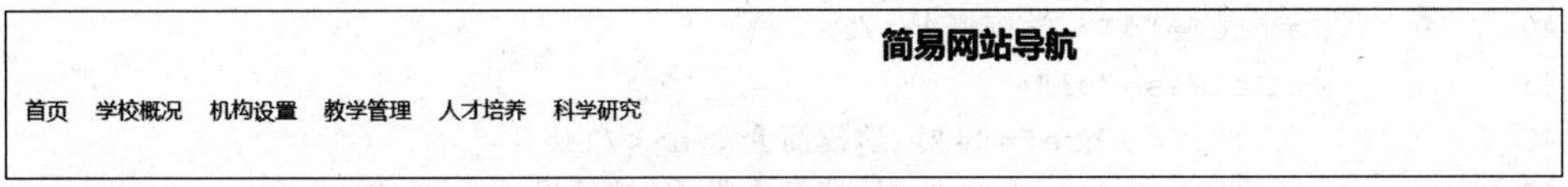

简易网站导航

首页　学校概况　机构设置　教学管理　人才培养　科学研究

图 2-2　简易网站导航

简易网站导航实现如代码 2-2 所示。

【代码 2-2】　简易网站导航实现

```
1   <html>
2   <head>
```

33

```
3    <meta http-equiv="Content-Type" content="text/html; charset=utf-8"/>
4    <title> 简易网站导航</title>
5    <style type="text/css">
6    ul{
7    list-style-type: none;
8    }
9    a{
10       color: black;
11       text-decoration: none;
12   }
13   a:hover{
14       background-color: aqua;
15   }
16   .topUl li{
17       float: left;
18       margin-left: 20px;
19   }
20   .topUl li:hover .ul{
21       display: block;
22   }
23   .ul{
24       display: none;
25       width: 114px;
26       position: absolute;
27       margin-left: -60px;
28       padding-top: 2px;
29   }
30   .ul li{
31       float: left;
32   }
33   </style>
34   </head>
35   <body>
36   <h2 align="center"> 简易网站导航</h2>
37   <ul class="topUl">
38       <li><a href="#"> 首页</a></li>
39       <li>
40           <a href="#"> 学校概况</a>
41           <ul class="ul">
42               <li><a href="#"> 学校简介</a></li>
43               <li><a href="#"> 学校党委常委、校领导</a></li>
44               <li><a href="#"> 加入我们</a></li>
45               <li><a href="#"> 加入我们</a></li>
46           </ul>
47       </li>
48       <li><a href="#"> 机构设置</a>
49           <ul class="ul">
50               <li><a href="#"> 学校简介</a></li>
```

```
51          <li><a href="#"> 学校党委常委、校领导</a></li>
52          <li><a href="#"> 加入我们</a></li>
53          <li><a href="#"> 加入我们</a></li>
54       </ul>
55     </li>
56     <li><a href="#"> 教学管理</a></li>
57     <li><a href="#"> 人才培养</a></li>
58     <li><a href="#"> 科学研究</a></li>
59  </ul>
60  </body>
61  </html>
```

3. 个人简历制作

使用字体标记<font>、段落标记<p>、层标记<div>等完成如图 2-3 所示的个人简历制作。

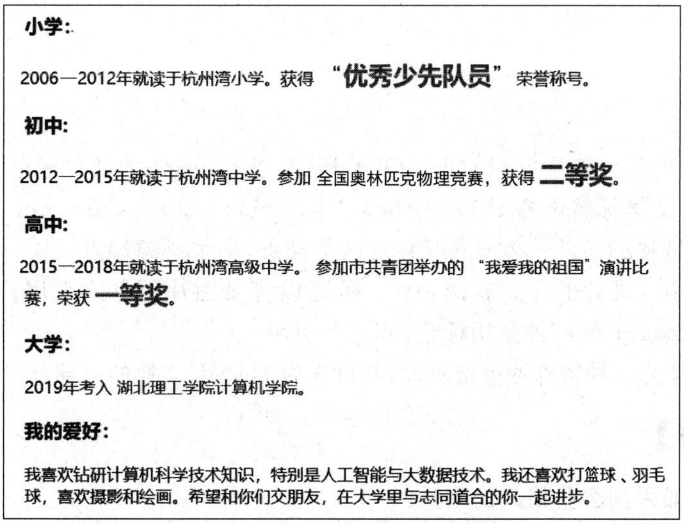

图 2-3　个人简历

个人简历实现如代码 2-3 所示。

【代码 2-3】 个人简历实现

```
1   <div>
2   <h1>   个人简介</h1>
3   <span>   座右铭：青春无敌,永不言败！</span>
4   <hr size="2" color="black">
5   <p>
6   <h3> 小学：</h3>  2006—2012 年就读于杭州湾小学。获得
7   <font color="red" size="5"><strong>"优秀少先队员"</strong></font> 荣誉称号。
    <br/>
8   </p>
9   <p>
10    <h3> 初中：</h3>  2012—2015 年就读于杭州湾中学。参加
11    <em> 全国奥林匹克物理竞赛</em>，获得
```

35

```
12    <font color="red" size="5"><strong> 二等奖</strong></font>。
13    </p>
14    <p>
15    <h3> 高中:</h3> 2015—2018 年就读于杭州湾高级中学。参加市共青团举办的
16    <u>"我爱我的祖国"</u>演讲比赛,荣获
17    <font color="red" size="5"><strong> 一等奖</strong></font>。<br/>
18    </p>
19    <p>
20    <h3> 大学:</h3> 2019 年考入
21    <a href="cs.hbpu.edu.cn"> 湖北理工学院计算机学院</a>
22    </p>
23    <p>
24    <h3> 我的爱好:</h3> 我喜欢钻研计算机科学技术知识,特别是人工智能与大数据技术。我还喜
        欢打篮球、羽毛球,喜欢摄影和绘画。希望和你们交朋友,在大学里与志同道合的你一起进步。
25
26    </p>
27    </div>
```

【知识总结】

（1）HTML 的头元素是以<head>为开始标记,以</head>为结束标记的。

（2）HTML 文本标签包括<h1>～<h6>、<p>、
、<hr>、<ul>、<ol>、<dl>等。

（3）创建超链接的条件:必须同时存在两个端点,一个是源端点,另一个是目标端点。

（4）网页中引入图片的方式有两种:一种是以背景图片的方式引用,需要用到标记属性 background-image;另一种是用标记<img/>引用。

（5）浮动框架是一种特殊的框架页面,其可作为 HTML 文档的一部分,是一种嵌套标记。

【思考与练习】

（1）网页一般采用哪些格式的图片?

（2）相对路径一般分为哪三种情况,分别如何表示?

（3）列表有哪三种,分别写出三种列表的标签结构。

（4）超链接的 target 属性的值有哪几个?请列举三种。

2.3 HTML 表格

2.3.1 表格标签

早期的网页设计中表格的作用非常重要,不但可以用表格清晰地显示数据,而且可以用来设计页面布局。不过在 HTML 5 中表格的作用已经被减弱了,目前表格更多被用来显示数据。

表格标签

表格通过行列的形式直观形象地将内容表达出来,结构紧凑且蕴含的信息量巨大,是文档处理过程中经常用到的一种对象。表格属于结构性对象,一个表格包括行、列和单元格三

个组成部分。整个表格至少需要三个标记来表示，分别是<table>、<tr>和<td>，其中<table>用于声明一个表格对象，<tr>用于声明一行单元格，<td>用于声明一列单元格。

其基本语法如下。

```
<table>
      <caption> 表的标题</caption>
      <tr><th> 列的标题</th></tr>      第一行
      <tr><td> 数据单元</td> ...</tr>   第二行
      ...
</table>
```

语法说明：<table>、<tr>、<td>标签都是双标签，<table>嵌套<tr>，<tr>嵌套<td>，<table>标签用来创建表格，<tr>表示表格的一行，<td>表示一列单元格，<caption>标记定义表格标题。<th>标签与<td>标签用法一样，往往<td>存数据，而<th>存数据标题。默认情况下，<th>中的内容会粗体、居中显示。

表格标签(<table>)的常用属性如表 2-10 所示。

表 2-10 表格标签(**<table>**)的常用属性

属　　性	描　　述
border	设置表格边框宽度，单位为 px(默认不显示边框)，设置 border="0"将取消边框
width	设置表格宽度，单位为 px 或上一级对象窗口的百分比
height	设置表格高度，单位为 px 或上一级对象窗口的百分比
bordercolor	设置表格边框颜色
bgcolor	设置表格的背景颜色
background	设置表格的背景图像
cellspacing	设置相邻单元格之间的间距
cellpadding	设置单元格边框与内容的间距
align	设置表格的水平对齐方式(默认左对齐)

<table>的属性主要是针对表格设置的，如 border 属性表示表格边框的宽度，设置为"0"时，表示不显示边框；cellpadding 属性规定单元格边线与内容之间的空白距离；cellspacing 属性规定单元格与另一个单元格之间的空白距离等。下面通过完成如图 2-4 所示的示例来说明每项属性的用法和功能，如代码 2-4 所示。

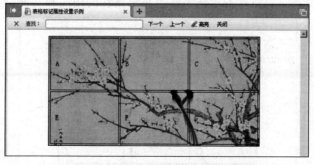

图 2-4 表格标记属性示例效果

【代码 2-4】 表格标签属性示例

```
1   <table width="500" height="250" border="1" align="center" cellpadding="12"
    cellspacing="3" bordercolor="#0000ff" background="image/show1.jpg">
2       <tr>
3           <td> A</td>
4           <td> B</td>
5           <td> C</td>
6       </tr>
7       <tr>
8           <td> E</td>
9           <td> F</td>
10              <td> G</td>
11          </tr>
12      </table>
```

2.3.2 行标签

使用<table>可以从总体上设置表格属性,根据网页布局的需要,还可以单独对表格中的某一行或某一个单元格进行属性设置。<tr>是用来产生和设置表格中行的标记,一对<tr></tr>就表示表格的一行。

行标签(<tr>)的常用属性如表 2-11 所示。

表 2-11 行标签(<tr>)的常用属性

属 性	描 述
height	设置行高度,单位为 px
align	设置行中各单元格内容相对于单元格的水平对齐方式,可取 left、center 和 right 三个值,默认为 left,即左对齐
valign	设置行中各单元格内容相对于单元格的垂直对齐方式,可取 top、middle 和 bottom 三个值,默认为 middle,即垂直居中对齐
bgcolor	设置行中单元格的背景颜色
bordercolor	设置行中各个单元格的边框颜色

下面通过完成如图 2-5 所示的示例来熟悉每项属性的用法和功能,如代码 2-5 所示。

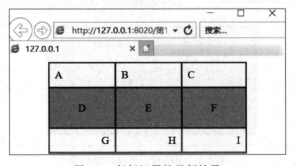

图 2-5 行标记属性示例效果

【代码 2-5】　行标签(<tr>)属性示例

```
1  <table width="300" border="1" align="center" cellpadding="8" cellspacing="0">
2      <tr>
3          <td>A</td>
4          <td>B</td>
5          <td>C</td>
6      </tr>
7      <tr align="center" bgcolor="# 6FC9D2" height="60">
8          <td>D</td>
9          <td>E</td>
10             <td>F</td>
11     </tr>
12     <tr align="right" bordercolor="#ff0000">
13         <td>G</td>
14         <td>H</td>
15         <td>I</td>
16     </tr>
17 </table>
```

2.3.3　单元格标签

表格中的内容必须放到单元格中。根据显示内容的格式,单元格可分为一般单元格和标题单元格,标题单元格一般出现在第一行,这些内容也称为表头。一般单元格使用<td></td>标签对标识,标题单元格则使用<th></th>标签对来标识。一般的单元格内容默认是左对齐并以普通格式显示,而标题单元格的内容则是居中并且加粗显示。在格式设置方面,单元格标签在很多方面与<table>标签是很类似的,此外,<td>和<th>还具有跨行和跨列两个很重要的属性。

单元格标签(<td>和<th>)的常用属性如表 2-12 所示。

表 2-12　单元格标签(<td>和<th>)的常用属性

属　性	描　述
width	设置单元格的宽度,单位为 px 或表格宽度的百分比
height	设置单元格的高度,单位为 px
align	设置单元格内容相对于单元格的水平对齐方式,可取 left、center 和 right 三个值,默认为 left,即左对齐,<th>标记默认为 center
valign	设置单元格内容相对于单元格的垂直对齐方式,可取 top、middle 和 bottom 三个值,默认为 middle,即垂直居中对齐
bgcolor	设置单元格的背景颜色
background	设置单元格的背景图像
bordercolor	设置单元格的边框颜色
rowspan	设置单元格的跨行操作
colspan	设置单元格的跨列操作

下面通过完成如图 2-6 所示的示例来熟悉每项属性的用法和功能,如代码 2-6 所示。

图 2-6　单元格标记属性示例效果

【代码 2-6】　单元格标签(<td>和<th>)属性示例

```
1  <table width="60%" border="1" align="center" cellpadding="6" cellspacing="0">
2      <tr>
3          <th bgcolor="#FFFFCC" height="45" colspan="2"> 行标题 </th>
4      </tr>
5      <tr>
6          <th rowspan="2"> 列标题 </th>
7          <td align="center" height="60"> 第二行的第二个单元格 </td>
8      </tr>
9      <tr>
10          <td bordercolor="#FF00FF" width="60%"> 第三行的第二个单元格 </td>
11      </tr>
12  </table>
```

2.3.4　表格实例

1. 文具订单表

使用<table>、<tr>、<td>、<th>等标签编辑如图 2-7 所示文具订单表。

文具订单		
文具	价格/元	数量
钢笔	2.5	3
铅笔	0.5	10
合计:	12.5	

图 2-7　文具订单表

文具订单表实现如代码 2-7 所示。

【代码 2-7】　文具订单表实现

```
1  <table border="1" bordercolor="#cc66ff" align="center" cellpadding="8"
   cellspacing="0">
2     <caption> 文具订单</caption>
3     <tr align="center">
4         <th> 文具</th>
5         <th> 价格/元</th>
6         <th> 数量</th>
7     </tr>
8     ...
9     <tr>
10        <td> 合计：</td>
11        <td colspan="2" align="right"> 12.5</td>
12    </tr>
13 </table>
```

2. 购物清单表

使用<table>、<tr>、<td>、<th>等标签编辑如图 2-8 所示购物清单表。

购物清单

商品	单价/元	数量	小计	操作
固态硬盘128GB	300	1	300	删除
鼠标	50	3	150	删除
				总计：450

图 2-8　购物清单表

购物清单表实现如代码 2-8 所示。

【代码 2-8】　购物清单表实现

```
1  <table width="600px"  cellpadding="5" cellspacing="1" bgcolor="#d7d7d7">
2     <caption> 购物清单</caption>
3     <thead>
4       <tr>
5         <th bgcolor="#FFFFFF"> 商品</th>
6         <th bgcolor="#FFFFFF"> 单价/元</th>
7         <th bgcolor="#FFFFFF"> 数量</th>
8         <th bgcolor="#FFFFFF"> 小计</th>
9         <th bgcolor="#FFFFFF"> 操作</th>
10      </tr>
11    </thead>
12    <tbody>
13      <tr>
14        <td bgcolor="#FFFFFF"> 固态硬盘 128GB</td>
15        <td bgcolor="#FFFFFF"> 300</td>
16        <td bgcolor="#FFFFFF"> 1</td>
17        <td bgcolor="#FFFFFF"> 300</td>
```

```
18          <td bgcolor="#FFFFFF"> 删除</td>
19        </tr>
20        ...
21      </tbody>
22      <tfoot>
23        <tr>
24          <td colspan="5" bgcolor="#FFFFFF" align="right"> 总计: 450</td>
25        </tr>
26      </tfoot>
27  </table>
```

【知识总结】

（1）表格通过行列的形式直观形象地将内容表达出来，结构紧凑且蕴含的信息量巨大，是文档处理过程中经常用到的一种对象。

（2）<table>的属性主要是针对表格设置的，如 border 属性表示表格边框的宽度，设置为“0”时，表示不显示边框；cellpadding 属性规定单元格边线与内容之间的空白距离；cellspacing 属性规定单元格与另一个单元格之间的空白距离。

（3）单元格的跨行、跨列合并。

【思考与练习】

（1）表格是由_____标签定义，_____定义表格的行，_____定义表格的单元格。

（2）请写出会员特享表的代码，如图 2-9 所示。

会员特享

会员特享	普通会员	银卡会员	金卡会员	备注
免运费	满199元免运费	满69元免运费		运费优惠
评论奖励	无	成长值+3	成长值+5	
生日礼包	无	价值19元	价值59元	其他优惠
兑换礼品	无	无	可享	

图 2-9　购物清单表

2.4　HTML 表单

2.4.1　表单标签

表单是实现动态网页的一种主要的外在形式，利用表单可以收集用户的信息或实现搜索等功能。

表单信息处理过程：单击表单中的【提交】按钮时，在表单中输入的信息就

表单标签

会提交到服务器中,服务器处理提交信息,处理结果可将提交的信息存储在服务器端的数据库中,也可将信息返回到客户端的浏览器上。

表单标签是<from></from>,它主要用来定义一个交互式的输入界面,它与通用网关接口(CGI)技术紧密相连。

其基本语法如下。

```
<form name="表单名称"  action="处理程序" method="提交方法">
...
</form>
```

其中,action 属性是一个指向表单所需的外部服务程序的地址;method 属性是当单击【提交】按钮时,通知服务器接收客户端要求的处理方式,method 的方式可以是 post 也可以是 get,一般使用 post,因为它对传给服务器的资料没有长度的限制。

表单标签(<form>)的常用属性如表 2-13 所示。

表 2-13　表单标签(<from>)的常用属性

属 性	描 述
name	设置表单名称,用于脚本引用
method	用于定义表单内容从客户端传送到服务器的方法,包括两种方法:get 和 post;默认使用 get 方法
action	用于定义表单处理程序的位置
onsubmit	用于定义表单处理脚本的位置
enctype	设置 MIME 类型,默认值为 application/x-www-form-urlencoded。需要上传文件到服务器时,应将该属性设置为 multipart/form-data

<form>标签的 method 属性,定义表单提交数据的方法有 get 或 post 两种,它们的区别如下。

(1)get 方法:将表单数据以名称/值对的形式附加在 action 所定义的 URL 末尾来进行传输,默认情况是采用 get 方法。

get 方法有如下特点。

① URL 中的参数是可见的,所以不要用 get 来传递保密数据,如账户信息等。

get 和 post 方法的区别

② 需要往数据库里面添加或者删除的数据不适合用 get 来发送,如商品添加、删除等。

③ URL 的长度是有限的(约为 3 000 字符),所以 get 方法常用于短表单的数据传递。

(2)post 方法:将表单数据放在 HTTP 头信息中进行传输。

使用 post 方法时通常涉及以下情况。

① 用户有文件上传时,如图片、附件等。

② 表单数据非常长。

③ 包含需要保密的数据,如账户信息。

④ 向数据库添加、删除数据时。

1. <label>标签

<label>标记用于 input 元素定义描述信息,它还可以扩大表单控件的焦点区域。例

如，当单击描述信息时，也同样可以触发该表单控件的单击事件。

其基本语法如下。

```
<label>
    用户名：<input type="text"id="username"placeholder="请输入用户名">
</label>
```

2. <fieldset>和<legend>标签

<fieldset>与<legend>标签的作用是将表单控件进行分组，<fieldset>在相关表单控件周围绘制边框，而<legend>为这一组表单控件定义标题。

其基本语法如下。

```
<fieldset>
<legend> 用户登录表单</legend>
<label>
    用户名：<input type="text"id="username"placeholder="请输入用户名">
</label>
</fieldset>
```

2.4.2 输入标签

输入标签(<input>)用于设置表单输入元素，如文本框、密码框、单选按钮、复选框等元素。

其基本语法如下。

输入标签的属性

```
<input  type="元素类型"  name="表单元素名称">
```

语法说明：type 属性用于设置不同类型的输入元素；name 属性指定输入元素的名称，作为服务器程序访问表单元素的标识名称，所以名称必须唯一。

输入标签的常用属性如表 2-14 所示。

表 2-14　输入标签的常用属性

属　性	描　述
checked	规定在页面加载时应该被预先选定的 < input > 元素（只针对 type="checkbox" 或者 type="radio"）
name	规定<input>元素的名称
placeholder(html 5)	规定可描述输入<input>字段预期值的简短的提示信息
readonly	规定输入字段是只读的
required(html 5)	规定必须在提交表单之前填写输入字段
type	规定<input>元素的类型
value	指定<input>元素 value 的值
width	规定<input>元素的宽度

输入标签的 type 属性值如表 2-15 所示。

表 2-15　type 属性值

属性值	描　　述	属性值	描　　述
text	单行文本框	submit	提交按钮
password	密码框	reset	重置按钮
file	文件上传	image	图像按钮
hidden	隐藏域	email	邮箱
radio	单选框	date	日期框
checkbox	复选框	color	颜色选择框
button	普通按钮	tel	输入电话号码的字段单行

多行文本框：除了单行文本框之外，还有允许长文本输入的<textarea>标签。
其代码如下。

```
<textarea  name="test" cols="50" rows="4"></textarea>
```

列表菜单：列表菜单也是选择表单标签的一种，它由列表菜单标签（<select>）与菜单项标签（<option>）组成。

其代码如下。

```
你住在哪个城市？
<select>
<option value="beijing"> 北京</option>
<option value="beijing"> 上海</option>
<option value="beijing"> 广州</option>
</select>
```

2.4.3　表单实例

1. 球迷调查表

接下来使用<label>、<fieldset>、<legend>等标签完成如图 2-10 所示的"球迷调查表"表单，如代码 2-9 所示。

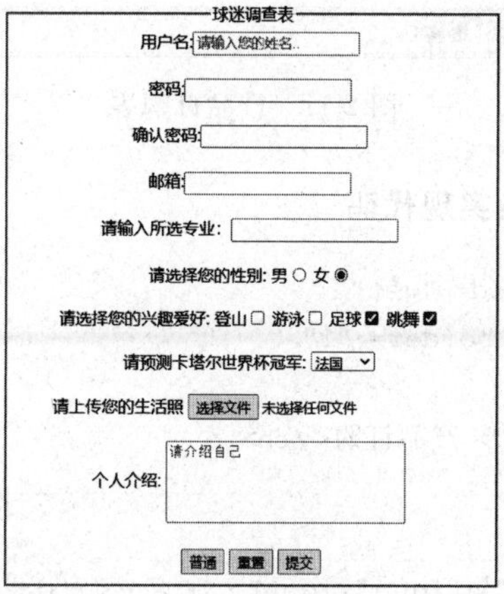

图 2-10　球迷调查表

45

【代码 2-9】 球迷调查表实现代码

```
1  <form action="" method="">
2        <fieldset id="" align="center">
3            <legend> 球迷调查表</legend>
4            <label>
5                用户名:<input type="text" id="username" value="" placeholder
    ="请输入您的姓名" size="20" maxlength="8" pattern= "^[a-zA-Z]\w{2,7}" title
    = "必须以字母开头,包含字符或数字,长度是 3~ 8 位" autofocus="true"/>
6            </label>
7            <br/><br/>
8            ...
9            <!-- 普通按钮-->
10           <input type="button" value="普通" onclick="validity1()"/>
11           <!-- <button> 普通</button>-->
12           <!-- 重置按钮-->
13           <input type="reset" value="重置"/>
14           <!-- 提交按钮-->
15           <input type="submit" name="" id="" value="提交" onclick="check
    ()"/>
16       </fieldset>
17 </form>
```

2. 产品订购表

接下来使用<table>、<form>标签完成如图 2-11 所示的"产品订购"表单,如代码 2-10
所示。

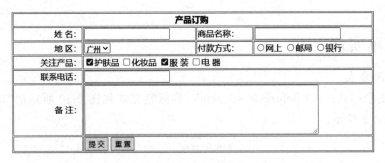

图 2-11　产品订购表

【代码 2-10】 产品订购表实现代码

```
1  <form action="" method= "get">
2  <table width="700" border= "1">
3   <tr>
4    <th colspan="4"> 产品订购</th>
5   </tr>
6   <tr>
7    <td width="132" align="right"> 姓 名:</td>
8    <td width="213"><input type="text" name="username"/></td>
```

```
9          <td width="105"> 商品名称：</td>
10         <td width="222"><input type="text" name="product"/></td>
11     </tr>
12      ...
13     <tr>
14        <td align="right"></td>
15        <td colspan="3">< input type="submit" value="提 交"/>
16        <input type="reset" value="重 置"/></td>
17     </tr>
18     </table>
19     </form>
```

【知识总结】

（1）表单是实现动态网页的一种主要的外在形式，利用表单可以收集用户的信息或实现搜索等功能。

（2）表单的 action 属性是一个指向表单所需的外部服务程序的地址；method 参数是当单击【提交】按钮时，通知服务器接收客户端要求的处理方式。

（3）输入标签用于设置表单输入元素，如文本框、密码框、单选按钮、复选框等元素。

【思考与练习】

（1）HTML 表单属性包括 ＿＿＿＿＿＿＿＿、＿＿＿＿＿＿＿＿、＿＿＿＿＿＿＿＿、
＿＿＿＿＿＿＿、＿＿＿＿＿＿＿等。

（2）HTML 表单输入框类型包括 ＿＿＿＿＿＿＿＿、＿＿＿＿＿＿＿＿、＿＿＿＿＿＿＿、
＿＿＿＿＿＿＿、＿＿＿＿＿＿＿等。

2.5　HTML 5 新特性

2.5.1　HTML 5 入门

HTML 5 是 hyper text markup language 5 的缩写，它结合了 HTML 4.01 的相关标准并对其进行了革新，符合现代网络发展要求，并在 2008 年正式发布。HTML 5 由不同的技术构成，使其在互联网中得到了非常广泛的应用，并且它提供了更多增强网络应用的标准机。与传统的技术相比，HTML 5 的语法特征更加明显，并且结合了 SVG 的内容。这些内容在网页中使用可以更加便捷地处理多媒体内容，而且 HTML 5 中还结合了其他元素，对原有的功能进行调整和修改，使开发者可以进行标准化工作。HTML 5 在 2012 年已形成了稳定的版本。

1. 发展历程

HTML 5 是构建 Web 内容的一种语言描述方式。HTML 5 是互联网的下一代标准，是构建以及呈现互联网内容的一种语言方式，它被认为是互联网的核心技术之一。HTML 产生于 1990 年；1997 年，HTML 4 成为互联网标准，并广泛应用于互联网应用的开发。

2006 年，W3C 表示有兴趣参与 HTML 5.0 的开发，并于 2007 年组建了一个工作组，专门与 WHATWG 合作开发 HTML 规范。Apple、Mozilla 和 Opera 允许 W3C 在 W3C 版权下发布规范，同时保留 WHATWG 网站上限制较少的许可版本。多年来，两个小组在同一研发工程师— Ian Hickson 指挥下共同工作。2011 年，小组得出的结论是，它们有不同的目标：W3C 希望为 HTML 5.0 推荐的功能划清界限，而 WHATWG 希望继续致力于 HTML 的生活标准，不断维护规范和添加新功能。2012 年中期，W3C 推出了一个新的研发团队，负责创建 HTML 5.0 推荐标准，并为下一个 HTML 版本准备工作草案。

2. 新特性

1）智能表单

表单是实现用户与页面后台交互的主要组成部分，HTML 5 在表单的设计上功能更加强大。input 类型和属性的多样性大幅增强了 HTML 可表达的表单形式，再加上新增加的一些表单标签，使得原本需要 JavaScript 来实现的控件，现在可以直接使用 HTML 5 的表单来实现。另外，如内容提示、焦点处理、数据验证等功能，也可以通过 HTML 5 的智能表单属性标签来完成。

2）绘图画布

HTML 5 的 canvas 元素可以实现画布功能，该元素通过自带的 API 结合使用 JavaScript 脚本语言在网页上绘制和处理图形，拥有实现绘制线条、弧线以及矩形，用样式和颜色填充区域，书写样式化文本，以及添加图像的方法，且使用 JavaScript 可以控制其像素。HTML 5 的 canvas 元素使得浏览器不需要 Flash 或 Silverlight 等插件就能直接显示图形或动画图像。

3）多媒体

HTML 5 最大特色之一就是支持音频视频，通过增加<audio>、<video>两个标记来实现对多媒体中的音频、视频使用的支持，只要在 Web 网页中嵌入这两个标记，而无须第三方插件（如 Flash）就可以实现音视频的播放功能。HTML 5 对音频、视频文件的支持使得浏览器摆脱了对插件的依赖，加快了页面的加载速度，扩展了互联网多媒体技术的发展空间。

4）地理定位

现今移动网络备受青睐，用户对实时定位的应用越来越依赖，要求也越来越高。HTML 5 通过引入 Geolocation 的 API 可以通过 GPS 或网络信息实现用户的定位功能，使定位更加准确、灵活。通过 HTML 5 进行定位，除了可以定位自己的位置，还可以在他人对你开放信息的情况下获得他人的定位信息。

5）数据存储

与传统的数据存储比较，HTML 5 有自己的存储方式，允许在客户端实现较大规模的数据存储。为了满足不同的需求，HTML 5 支持 DOM Storage 和 Web SQL Database 两种存储机制。其中，DOM Storage 适用于具有 key/value 对的基本本地存储；Web SQL Database 适用于关系数据库的存储方式，开发者可以使用 SQL 语法对这些数据进行查询、插入等操作。

6）多线程

HTML 5 利用 Web Worker 将 Web 应用程序从原来的单线程业界中解放出来，通过创建一个 Web Worker 对象就可以实现多线程操作。JavaScript 创建的 Web 程序处理事务都是在单线程中执行,响应时间较长,而当 JavaScript 过于复杂时,还有可能出现死锁的局面。HTML 5 新增加了一个 Web Worker API,用户可以创建多个在后台的线程,将耗费较长时间的处理交给后台面,不影响用户界面和响应速度,这些处理不会因用户交互而运行中断。使用后台线程不能访问页面和窗口对象,但后台线程可以和页面之间进行数据交互。子线程与子线程之间的数据交互,大致步骤如下:①创建发送数据的子线程;②执行子线程任务,把要传递的数据发送给主线程;③在主线程接收到子线程传递回的消息时创建接收数据的子线程,然后把发送数据的子线程中返回的消息传递给接收数据的子线程;④执行接收数据子线程中的代码。

3. 优缺点

1) 优点

(1) 网络标准。HTML 5 本身是由 W3C 推荐而来的,它是由谷歌、苹果等几百家公司一起酝酿的技术,这个技术的好处在于它是一个公开的技术。一方面,每一个公开的标准都可以根据 W3C 的资料库找寻根源;另一方面,W3C 通过的 HTML 5 标准也就意味着每一个浏览器或者每一个平台都会去实现。

(2) 多设备跨平台。使用 HTML 5 的优点主要在于,这个技术可以进行跨平台的使用。比如开发了一款 HTML 5 游戏,可以很轻易地移植到 UC 的开放平台、Opera 的游戏中心、Facebook 应用平台,甚至可以通过封装的技术发放到 App Store 或 Google Play 上,所以它的跨平台性非常强大。

(3) 自适应网页设计。自适应网页,简单来讲就是让同一张网页自动适应不同大小的屏幕,根据屏幕宽度自动调整布局。这就解决了传统的一种局面——网站需要为不同的设备提供不同的网页,比如,专门提供一个 mobile 版本,或者 iPhone/iPad 版本。这样做固然保证了效果,但是比较麻烦,同时要维护好几个版本,而且如果一个网站有多个入口(portal),会大大增加架构设计的复杂度。

2) 缺点

(1) 安全。像之前 Firefox 4 的 Web Socket 和透明代理的实现存在严重的安全问题,同时,像 Web Storage、Web Socket 这样的功能很容易被黑客利用,来盗取用户的信息和资料。

(2) 浏览器兼容性。许多特性各浏览器的支持程度也不一样,Edge 9 以下的浏览器几乎全军覆没,无法兼容。

(3) 技术门槛。HTML 5 简化开发者工作的同时也代表了有许多新的属性和 API 需要开发者学习,像 Web Worker、Web Socket、Web Storage 等新特性,后台甚至浏览器原理的知识。HTML 5 是机遇,也是巨大的挑战。

4. 发展趋势

随着计算机技术不断发展,可以看到 HTML 5 在未来几年内的发展将会是一个井喷式的增长,并表现为以下几种形式。

(1) HTML 5 技术的移动端方向。HTML 5 技术在未来主要发展的市场还是在移动端互联网领域,现阶段移动浏览器有应用体验不佳、网页标准不统一的劣势,这两个问题也是移动端网页发展的障碍,而 HTML 5 技术能够解决这两个问题,并且能将劣势转化为优势,整体推动整个移动端网页方面的发展。

（2）Web 内核标准提升。目前移动端网页内核大多采用 Web 内核，相信在未来几年内随着智能端逐渐普及，HTML 5 在 Web 内核方面的应用将会得到极大的推广。

（3）提升 Web 操作体验。随着硬件能力的提升、WebGL 标准化的普及以及手机网页游戏的逐渐成熟，手机网页游戏向 3D 化发展是大势所趋。

（4）网络营销游戏化发展。通过一些游戏化、场景化以及跨屏互动等环节，不仅能增加用户游戏体验，还能够满足广告运营商大部分的营销需求，在推销产品的过程中，让用户体验游戏的乐趣。

（5）移动视频、在线直播。HTML 5 将会改变视频数据的传输方式，让视频播放更加流畅。与此同时，视频还能够与网页相结合，让用户看视频如看图片一样轻松。

2.5.2　HTML 5 表单

HTML 5 表单在保留原有表单元素及属性的基础上，通过新增表单属性、元素和 input 元素类型的方式克服了 HTML 4 中存在的各种不足。例如，在 HTML 5 中通过增加 required 属性可以实现表单元素的非空校验；通过设置 input 元素类型为"number"，可以实现表单元素的数值及其取值范围的校验。HTML 5 实现这些功能不再依赖开发者编写的 JavaScript 代码，而是直接使用 HTML 5 提供的内置验证机制，从而解决了脚本被客户端禁用的危险，同时也大大简化了开发人员的工作。

1. 表单新增属性

在 HTML 5 表单中新增了大量的属性，如 required、autofocus、placeholder 等属性，提供非空验证、自动聚焦和显示提示信息等功能。这些属性实现了 HTML 4 表单中需要使用 JavaScript 才能实现的效果，极大地增强了 HTML 5 表单的功能。

HTML 5 的<form>和<input>标记添加了几个新属性。

<form>的新属性：autocomplete、novalidate。

<input>的新属性：autocomplete、autofocus、form、formaction、formenctype、formmethod、formnovalidate、formtarget、height 与 width、list、min 与 max、multiple、pattern（regexp）、placeholder、required、step。

1）<form>/<input>的 autocomplete 属性

autocomplete 属性规定 form 或 input 域应该拥有自动完成功能。

当用户在自动完成域中开始输入时，浏览器应该在该域中显示填写的选项。

提示：autocomplete 属性有可能在<form>元素中是开启的，而在<input>元素中是关闭的。

注意：autocomplete 适用于<form>标签，以及以下类型的<input>标签：text、search、URL、telephone、email、password、datepickers、range 及 color。

```
<form action="demo-form.php" autocomplete="on">
 First name:<input type="text" name="fname"><br>
 Last name: <input type="text" name="lname"><br>
 E-mail: <input type="email" name="email" autocomplete="off"><br>
 <input type="submit">
</form>
```

2）＜form＞的 novalidate 属性

novalidate 属性是一个 boolean（布尔）属性，它规定在提交表单时不应该验证 form 或 input 域。

```
<form action="demo-form.php" novalidate>
  E-mail: <input type="email" name="user_email">
  <input type="submit">
</form>
```

3）＜input＞的 autofocus 属性

autofocus 属性是一个 boolean（布尔）属性，规定在页面加载时，域自动地获得焦点。

让"First name" input 输入域在页面载入时自动聚焦：

```
First name:<input type="text" name="fname" autofocus>
```

4）＜input＞的 form 属性

form 属性规定输入域所属的一个或多个表单。

提示：如需引用一个以上的表单，使用空格分隔的列表。

位于 form 表单外的 input 字段，引用了 HTML form（该 input 表单仍然属于 form 表单的一部分）：

```
<form action="demo-form.php" id="form1">
 First name: <input type="text" name="fname"><br>
 <input type="submit" value=" 提交">
</form>
 Last name: <input type="text" name="lname" form="form1">
```

5）＜input＞的 formaction 属性

formaction 属性用于描述表单提交的 URL 地址，会覆盖＜form＞元素中的 action 属性。

注意：formaction 属性用于 type="submit" 和 type="image"。

以下 HTMLform 表单包含了两个不同地址的提交按钮：

```
<form action="demo-form.php">
  First name: <input type="text" name="fname"><br>
  Last name: <input type="text" name="lname"><br>
  <input type="submit" value="提交"><br>
  <input type="submit" formaction="demo-admin.php"
  value="提交">
</form>
```

6）＜input＞的 formmethod 属性

formmethod 属性定义了表单提交的方式，覆盖了＜form＞元素的 method 属性。

注意：formmethod 属性可以与 type="submit" 和 type="image" 配合使用。

重新定义表单提交方式实例：

```
<form action="demo-form.php" method="get">
  First name: <input type="text" name="fname"><br>
  Last name: <input type="text" name="lname"><br>
```

```
<input type="submit" value="提交">
<input type="submit" formmethod="post" formaction="demo-post.php"
value="使用 POST 提交">
</form>
```

7）<input>的 formtarget 属性

formtarget 属性指定一个名称或一个关键字来指明表单提交数据接收后的展示，覆盖<form>元素的 target 属性。

注意：formtarget 属性与 type="submit" 和 type="image"配合使用。

两个提交按钮的表单，在不同窗口中显示如下。

```
<form action="demo-form.php">
  First name: <input type="text" name="fname"><br>
  Last name: <input type="text" name="lname"><br>
  <input type="submit" value="正常提交">
  <input type="submit" formtarget="_blank"
  value="提交到一个新的页面上">
</form>
```

8）<input>的 list 属性

list 属性规定输入域的 datalist。datalist 是输入域的选项列表。

在<datalist>中预定义<input>值如下。

```
<input list="browsers">
<datalist id="browsers">
  <option value="Internet Explorer">
  <option value="Firefox">
  <option value="Chrome">
  <option value="Opera">
  <option value="Safari">
</datalist>
```

9）<input>的 multiple 属性

multiple 属性是一个 boolean 属性，规定<input>元素中可选择多个值。

注意：multiple 属性适用于 email 和 file 类型的<input>标签。

上传多个文件的代码如下。

```
Select images: <input type="file" name="img" multiple>
```

10）<input>的 pattern 属性

pattern 属性描述了一个正则表达式，用于验证<input>元素的值。

注意：pattern 属性适用于 text、search、URL、tel、email 和 password 类型的<input>标记。

显示一个只能包含三个字母的文本域（不含数字及特殊字符）：

```
Country code: <input type="text" name="country code" pattern="[A-Za-z]{3}" title="Three letter country code">
```

11）<input>的 placeholder 属性

placeholder 属性提供一种提示（hint），描述输入域所期待的值。

简短的提示在用户输入前会显示在输入域上。

注意：placeholder 属性适用于 text、search、URL、telephone、email 和 password 类型的 <input>标签。

input 字段提示文本 t：

```
<input type="text" name="fname" placeholder="First name">
```

12）<input>的 required 属性

required 属性是一个 boolean（希尔）属性，规定必须在提交之前填写输入域（不能为空）。

注意：required 属性适用于 text、search、URL、telephone、email、password、date pickers、number、checkbox、radio 以及 file 类型的<input>标签。

不能为空的 input 字段：

```
Username: <input type="text" name="usrname" required>
```

2. 新增的 input 元素类型

1）input 类型：color

color 类型用在 input 字段，主要用于选取颜色。

从拾色器中选择一个颜色。

```
选择你喜欢的颜色: <input type="color" name="favcolor">
```

2）input 类型：date

date 类型允许从一个日期选择器中选择一个日期。

定义一个时间控制器。

```
生日: <input type="date" name="bday">
```

3）input 类型：datetime

datetime 类型允许选择一个日期（UTC 时间）。

定义一个日期和时间控制器（本地时间）。

```
生日(日期和时间): <input type="datetime" name="bdaytime">
```

4）input 类型：datetime-local

datetime-local 类型允许选择一个日期和时间（无时区）。

定义一个日期和时间（无时区）。

```
生日(日期和时间): <input type="datetime-local" name="bdaytime">
```

5）input 类型：email

email 类型用于应该包含 e-mail 地址的输入域。

在提交表单时，会自动验证 email 域的值是否合法有效。

```
email: <input type="email" name="email">
```

6）input 类型：month

month 类型允许选择一个月份。

定义月与年（无时区）。

生日（月和年）：<input type="month" name="bdaymonth">

7）input 类型：number

number 类型用于应该包含数值的输入域，还能够设定对所接受的数字的限定。

定义一个数值输入域（限定）。

数量（1 到 5 之间）：<input type="number" name="quantity" min="1" max="5">

8）input 类型：range

range 类型用于应该包含一定范围内数字值的输入域，显示为滑动条。

定义一个不需要非常精确的数值（类似于滑块控制）。

<input type="range" name="points" min="1" max="10">

使用下面的属性来规定对数字类型的限定：

（1）max——规定允许的最大值；

（2）min——规定允许的最小值；

（3）step——规定合法的数字间隔；

（4）value——规定默认值。

9）input 类型：search

search 类型用于搜索域，如站点搜索或 Google 搜索。

定义一个搜索字段（类似站点搜索或者 Google 搜索）。

Search Google: <input type="search" name="googlesearch">

10）input 类型：tel

定义输入电话号码字段。

电话号码：<input type="tel" name="usrtel">

11）input 类型：time

time 类型允许选择一个时间。

定义可输入时间控制器（无时区）。

选择时间：<input type="time" name="usr time">

12）input 类型：url

url 类型用于应该包含 URL 地址的输入域，在提交表单时，会自动验证 URL 域的值。

定义输入 URL 字段。

添加您的主页：<input type="url" name="homepage">

13）input 类型：week

week 类型允许选择周和年。

定义周和年(无时区)。

选择周：<input type="week" name="week year">

3. 新增元素

在 HTML 5 中,除了对 input 元素新增许多类型外,还添加了一些表单元素,例如,datalist、output 等元素。这些元素的加入,极大地丰富了表单数据的操作,也提升了用户的体验。

1) <datalist>元素

<datalist>元素的功能是辅助表单文本框的内容输入,用于生成一个隐藏的下拉菜单,其相当于一个"看不见"的 select 元素。datalist 下拉菜单包含的选项生成方式使用<option> 标签来产生,显示的文本是<option>的 value 属性值。需要注意的是,datalist 元素一般需要跟某个文本框结合起来使用,结合方式是通过将输入框的 list 属性值设置为 datalist 的 id 值,这样就将 datalist 绑定到了某个文本框。绑定成功后,用户双击输入框时,datalist 中的各个选项将以下拉菜单的形式显示在文本框的底部供用户选择。用户选中列表中的某个选项后,datalist 元素自动隐藏,同时,输入框中会显示所选择的选项。

目前,Chrome、Firefox、Edge 和 Opera 都支持 datalist 元素。

<datalist>属性规定 form 或 input 域应该拥有自动完成功能。当用户在自动完成域中开始输入时,浏览器应该在该域中显示填写的选项。

使用<input>元素的列表属性与<datalist>元素绑定。

<input>元素使用<datalist>预定义值。

```
<input list="browsers">
<datalist id="browsers">
  <option value="Internet Explorer">
  <option value="Firefox">
  <option value="Chrome">
  <option value="Opera">
  <option value="Safari">
</datalist>
```

2) <keygen>元素

<keygen>元素的作用是提供一种验证用户的可靠方法,规定用于表单的密钥对生成器字段。

当提交表单时,会生成两个键,一个是私钥,一个公钥。私钥存储于客户端,公钥则被发送到服务器。公钥可用于之后验证用户的客户端证书。

带有 keygen 字段的表单。

```
<form action="demo keygen.asp" method="get">
用户名：<input type="text" name="usr name">
加密：<keygen name="security">
<input type="submit">
</form>
```

3) <output>元素

<output>元素用于显示各种表单元素的内容或脚本执行结果,其必须从属于某个表

单,又不同于其他表单元素,该元素不会生成请求参数,它的作用只是用于显示输出。需要注意的是,最初可以使用 onforminput 属性来获取表单输入元素的值,但现在这个属性已经废弃了,需要编写脚本,并通过对输入元素注册事件监听器来监测输入元素的值的变化。

将计算结果显示在元素。

```
<form oninput="x.value=parseInt(a.value)+parseInt(b.value)">0
<input type="range" id="a" value="50">100 +
<input type="number" id="b" value="50">=
<output name="x" for="a b"></output>
</form>
```

4)<audio>元素

<audio>元素是 HTML 5 中新增的元素,用于音乐文件和音频流的播放。<audio>元素使得在 HTML 5 中播放音频变得十分简单,只需要添加该元素并简单设置元素的一些基本属性,就可以在页面中播放多媒体文件了。在<audio>元素的开始标记与结束标记间放置文本内容,便可以在不支持该元素的浏览器中使用。

其基本语法如下。

```
<audio src="Try Everything.mp3" controls="controls">
```

或者

```
<audio controls>
  <source src="horse.ogg" type="audio/ogg">
  <source src="horse.mp3" type="audio/mpeg">
您的浏览器不支持 audio 元素。
</audio>
```

control 属性供添加播放、暂停和音量控件,在<audio>与</audio>之间需要插入浏览器不支持<audio>元素的提示文本。<audio>元素允许使用多个<source>元素,<source>元素可以链接不同的音频文件,浏览器将使用第一个支持的音频文件。

目前,<audio>元素支持三种音频格式文件:MP3、Wav 和 Ogg。<audio>标签的属性如表 2-16 所示。

表 2-16 **<audio>标签的属性**

属 性	值	描 述
autoplay	autoplay	如果出现该属性,则音频在就绪后马上播放
controls	controls	如果出现该属性,则向用户显示控件,比如播放按钮
loop	loop	如果出现该属性,则每当音频结束时重新开始播放
preload	preload	如果出现该属性,则音频在页面加载时进行加载,并预备播放。如果已使用 autoplay,则忽略该属性
src	url	要播放的音频的 URL

5）<video>元素

<video>元素与<audio>元素很像，它们有相同的 src、controls、preload、autoplay 和 loop 属性。除了这些相同的属性以外，<video>元素还可以自定义视频文件显示的大小，因此具有 width 和 height 属性，单位为 px，也可以使用百分比。

其基本语法如下。

```
<video width="320" height="240" controls>
   <source src="movie.mp4" type="video/mp4">
   <source src="movie.ogg" type="video/ogg">
您的浏览器不支持 Video 标签。
</video>
```

<video>元素提供了播放、暂停和音量控件来控制视频，同时<video>元素也提供了 width 和 height 属性控制视频的尺寸。如果设置了高度和宽度，所需的视频空间则会在页面加载时保留；如果没有设置这些属性，浏览器不知道大小的视频，浏览器就不能在加载时保留特定的空间，页面就会根据原始视频的大小而改变。

<video>与</video>标签之间插入的内容是提供给不支持 video 元素的浏览器显示的。<video>元素支持多个<source>元素，<source>元素可以链接不同的视频文件，浏览器将使用第一个可识别的格式。

当前，<video>元素支持以三种视频格式。

（1）MPEG 4：带有 H.264 视频编码和 AAC 音频编码的 MPEG 4 文件。

（2）WebM：带有 VP8 视频编码和 Vorbis 音频编码的 WebM 文件。

（3）Ogg：带有 Theora 视频编码和 Vorbis 音频编码的 Ogg 文件。

音频与视频相关属性如表 2-17 所示。

表 2-17　音频与视频相关属性

属　　性	描　　述
audioTracks	返回表示可用音轨的 audiotracklist 对象
autoplay	设置或返回是否在加载完成后随即播放音频/视频
buffered	返回表示音频/视频已缓冲部分的 timeranges 对象
controller	返回表示音频/视频当前媒体控制器的 mediacontroller 对象
controls	设置或返回音频/视频是否显示控件（如播放/暂停等）
crossOrigin	设置或返回音频/视频的 CORS 设置
currentSrc	返回当前音频/视频的 URL
currentTime	设置或返回音频/视频中的当前播放位置（以秒计）
defaultMuted	设置或返回音频/视频默认是否静音
defaultPlaybackRate	设置或返回音频/视频的默认播放速度
duration	返回当前音频/视频的长度（以秒计）
ended	返回音频/视频的播放是否已结束

续表

属 性	描 述
error	返回表示音频/视频错误状态的 mediaerror 对象
loop	设置或返回音频/视频是否应在结束时重新播放
mediaGroup	设置或返回音频/视频所属的组合（用于连接多个音频/视频元素）
muted	设置或返回音频/视频是否静音
networkState	返回音频/视频的当前网络状态
paused	设置或返回音频/视频是否暂停
playbackRate	设置或返回音频/视频播放的速度
played	返回表示音频/视频已播放部分的 timeranges 对象
preload	设置或返回音频/视频是否应该在页面加载后进行加载
readyState	返回音频/视频当前的就绪状态
seekable	返回表示音频/视频可寻址部分的 timeranges 对象
seeking	返回用户是否正在音频/视频中进行查找
src	设置或返回音频/视频元素的当前来源
startDate	返回表示当前时间偏移的 date 对象
textTracks	返回表示可用文本轨道的 texttracklist 对象
videoTracks	返回表示可用视频轨道的 videotracklist 对象
volume	设置或返回音频/视频的音量

音频与视频相关方法如表 2-18 所示。

表 2-18　音频与视频相关方法

方 法	描 述
addTextTrack()	向音频/视频添加新的文本轨道
canPlayType()	检测浏览器是否能播放指定的音频/视频类型
load()	重新加载音频/视频元素
play()	开始播放音频/视频
pause()	暂停当前播放的音频/视频

音频与视频相关事件如表 2-19 所示。

表 2-19　音频与视频相关事件

事 件	描 述
abort	当音频/视频的加载已放弃时
canplay	当浏览器可以播放音频/视频时

续表

事　件	描　述
canplaythrough	当浏览器可在不因缓冲而停顿的情况下进行播放时
durationchange	当音频/视频的时长已更改时
emptied	当目前的播放列表为空时
ended	当目前的播放列表已结束时
error	当在音频/视频加载期间发生错误时
loadeddata	当浏览器已加载音频/视频的当前帧时
loadedmetadata	当浏览器已加载音频/视频的元数据时
loadstart	当浏览器开始查找音频/视频时
play	当音频/视频已开始或不再暂停时
playing	当音频/视频在已因缓冲而暂停或停止后已就绪时
progress	当浏览器正在下载音频/视频时
ratechange	当音频/视频的播放速度已更改时
seeked	当用户已移动/跳跃到音频/视频中的新位置时
seeking	当用户开始移动/跳跃到音频/视频中的新位置时
stalled	当浏览器尝试获取媒体数据,但数据不可用时
suspend	当浏览器刻意不获取媒体数据时
timeupdate	当目前的播放位置已更改时
volumechange	当音量已更改时

2.5.3　WebSocket

WebSocket 是 HTML 5 开始提供的一种在单个 TCP 连接上进行全双工通信的协议。

WebSocket 使客户端和服务器之间的数据交换变得更加简单,允许服务端主动向客户端推送数据。在 WebSocket API 中,浏览器和服务器只需要完成一次握手,两者之间就直接可以创建持久性的连接,并进行双向数据传输。现在,很多网站为了实现推送技术,所用的技术都是 AJAX 轮询。轮询是在特定的时间间隔(如 1s),由浏览器对服务器发出 HTTP 请求,然后由服务器返回最新的数据给客户端的浏览器。这种传统的模式带来了很明显的缺点,即浏览器需要不断地向服务器发出请求,然而 HTTP 请求可能包含较长的头部,其中真正有效的数据可能只是很小的一部分,显然这样会浪费很多的带宽等资源。

HTML 5 定义的 WebSocket 协议,能更好地节省服务器资源和带宽,并且能够更实时地进行通信。WebSocket 通信协议如图 2-12 所示。

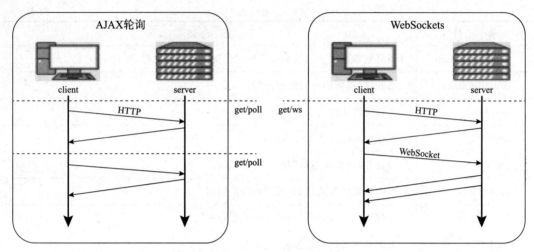

图 2-12　WebSocket 通信协议

　　浏览器通过 JavaScript 向服务器发出建立 WebSocket 连接的请求,连接建立以后,客户端和服务器端就可以通过 TCP 连接直接交换数据。当获取到 WebSocket 连接后,开发者可以通过 send()方法来向服务器发送数据,并通过 onmessage 事件来接收服务器返回的数据。

　　以下 API 用于创建 WebSocket 对象。

```
var Socket=new WebSocket(url, [protocol] );
```

　　以上代码中的第一个参数 url,指定连接的 URL。第二个参数 protocol 是可选的,指定了可接受的子协议。

　　WebSocket 属性、WebSocket 事件、WebSocket 方法如表 2-20~表 2-22 所示。

表 2-20　WebSocket 属性表

属　　性	描　　述
socket.readyState	只读属性 readyState 表示连接状态,可以是以下值: 0 表示连接尚未建立; 1 表示连接已建立,可以进行通信; 2 表示连接正在进行关闭; 3 表示连接已经关闭或者连接不能打开
socket.bufferedAmount	只读属性 bufferedAmount 表示已被 SEND()放入,正在队列中等待传输,但是还没有发出的 UTF-8 文本字节数

表 2-21　WebSocket 事件

事　　件	事件处理程序	描　　述
open	socket.onopen	连接建立时触发
message	socket.onmessage	客户端接收服务端数据时触发
error	socket.onerror	通信发生错误时触发
close	socket.onclose	连接关闭时触发

表 2-22　WebSocket 方法

方　　法	描　　述
socket.send()	使用连接发送数据
socket.close()	关闭连接

WebSocket 协议本质上是一个基于 TCP 的协议。

为了建立一个 WebSocket 连接,客户端浏览器首先要向服务器发起一个 HTTP 请求,这个请求和通常的 HTTP 请求不同,它包含了一些附加头信息,其中附加头信息 "Upgrade:WebSocket"表明这是一个申请协议升级的 HTTP 请求,服务器端解析这些附加的头信息然后产生应答信息返回给客户端,客户端和服务器端的 WebSocket 连接就建立起来了,双方就可以通过这个连接通道自由地传递信息,并且这个连接会持续存在,直到客户端或者服务器端的某一方主动关闭连接。

目前大部分客户端浏览器都支持 WebSocket()接口,可以在 Chrome、Mozilla、Opera 和 Safari 浏览器中尝试实例。代码如下。

```html
<! DOCTYPE HTML>
<html>
  <head>
  <meta charset="utf-8">
  <title></title>
      <script type="text/javascript">
        function WebSocketTest(){
            if ("WebSocket" in window){
                alert("您的浏览器支持 WebSocket!");
                //打开一个 web socket
                var ws=new WebSocket("ws://localhost:9998/echo");
                ws.onopen=function(){
                    //Web Socket 已连接上,使用 send()方法发送数据
                    ws.send("发送数据");
                    alert("数据发送中...");
                };
                ws.onmessage=function (evt){
                    var received_msg=evt.data;
                    alert("数据已接收...");
                };
                ws.onclose=function(){
                    //关闭 websocket
                    alert("连接已关闭...");
                };
            }else{
                //浏览器不支持 WebSocket
                alert("您的浏览器不支持 WebSocket!");
            }
        }
    </script>
```

```
        </head>
        <body>
            <div id="sse">
                <a href="javascript:WebSocketTest()"> 运行 WebSocket</a>
            </div>
        </body>
    </html>
```

2.6 思政案例2 爱国故事——2001 年网络"大战"

本例以"2001 年中美黑客'大战'"为主题,介绍运用 HTML、CSS、JavaScript 三大技术设计展示页面,如代码 2-11 所示,页面效果如图 2-13 所示。

【代码 2-11】 2001 年中美黑客"大战"

```
1    <!DOCTYPE html>
2    <html>
3      <head>
4      <meta charset="UTF-8">
5      <title> 2001 年中美黑客"大战"</title>
6      <style type="text/css">
7          body{text-align: center;margin: 0 50px;}
8          p{font-size: 20px;text-indent: 2em;text-align: left;}
9          h3{font-size: 28px;text-shadow: 0px 0px 5px yellow;color: red;}
10         </style>
11     </head>
12     <body>
13         <h3> 2001 年中美黑客"大战"</h3>
```

2001年中美黑客"大战"

我们都知道历史书上描述的,1999年5月8日凌晨,中国驻南斯拉夫大使馆遭到以美国为首的北约轰炸。三名中国记者当场死亡,数十人受伤。中国政府发表抗议,民众激愤游行,事情的结果是美国赔款道歉。

然而,在当时大部分民众接触不到的互联网上,其实打响过一场没有硝烟的网络"大战",后来在网络上流传为"中美黑客'大战'"关于这场来自民间对列强的抗争,技术实现暂且不表,仅仅对普通老百姓而言,最直观的感受就是很多境外网店都处于瘫痪状态,或者被修改为爱国内容,以此宣告我们的不满和抗争。图为网络上传播的部分截图。修改任何网站页面,都离不开Web前端的相关技术。

图 2-13 2001 年中美黑客"大战"效果图

```
14          <p> 我们都知道历史书上描述的,1999 年 5 月 8 日凌晨,中国驻南斯拉夫大使馆遭到以美
    国为首的北约轰炸。三名中国记者当场死亡,数十人受伤。中国政府发表抗议,民众激愤游行,
    事情的结果是美国赔款道歉。</p>
15          <img width="300" height="200" src="img/图片 2.png"/>
16          <p> 然而,在当时大部分民众接触不到的互联网上,其实打响过一场没有硝烟的网络"大
    战",后来在网络上流传为"中美黑客'大战'"。关于这场来自民间对列强的抗争,技术实现暂且
    不表,仅仅对普通老百姓而言,最直观的感受就是很多境外网站都处于瘫痪状态,或者被修改为
    爱国内容,以此宣告我们的不满和抗争。图为网络上传播的部分截图。修改任何网站页面,都
    离不开 Web 前端的相关技术。</p>
17          < img width="300" height="200"  src="img/图片 3.png"/><img  width="300"
    height="200" src="img/图片 4.png"/>
18 </body>
19 </html>
```

【知识总结】

（1）HTML 5 是 hyper text markup language 5 的缩写,它结合了 HTML 4.01 的相关
标准并对其进行了革新,符合现代网络发展要求,并在 2008 年正式发布。

（2）HTML 5 表单新增属性包括 required、autofocus、placeholder 等,新增的输入框类
型包括 color、date、email 等。

（3）WebSocket 是 HTML 5 开始提供的一种在单个 TCP 连接上进行全双工通信的
协议。

【思考与练习】

（1）HTML 5 表单新增属性包括 ＿＿＿＿＿＿＿＿＿、＿＿＿＿＿＿＿＿＿、＿＿＿＿＿＿＿＿＿、
＿＿＿＿＿＿＿＿＿、＿＿＿＿＿＿＿＿＿、＿＿＿＿＿＿＿＿＿等。

（2）HTML 5 表单输入框新增类型包括 ＿＿＿＿＿＿＿＿＿、＿＿＿＿＿＿＿＿＿、＿＿＿＿＿＿＿＿＿、
＿＿＿＿＿＿＿＿＿、＿＿＿＿＿＿＿＿＿、＿＿＿＿＿＿＿＿＿等。

（3）请使用 WebSocket 实现简易网页聊天室。

第3章 CSS 层叠样式

项目引入

CSS 是一种定义如字体、颜色、位置等样式结构的语言,被用于描述网页上的信息格式化和现实的方式。CSS 样式可以直接存储于 HTML 网页或者单独的样式单文件。无论哪一种方式,样式包含将样式应用到指定类型的元素的规则。外部使用时,样式规则被放置在一个带有文件扩展名为.css 的外部样式文档中。

样式规则是可应用于网页中元素(如文本段落或链接)的格式化指令。样式规则由一个或多个样式属性及其值组成。内部样式直接放在网页中,外部样式保存在独立的文档中,网页通过一个特殊标签链接外部样式。

学习目标

➢ 识记:CSS 基础语法。
➢ 领会:在 HTML 中引用 CSS 的方式。
➢ 应用:使用 CSS 美化网页。

思政素养

弘扬中华美育精神,以美立德。深入挖掘优秀传统文化之美,领悟中华美育精神的精髓,用相关技术诠释美的内涵。

3.1 CSS 基础

3.1.1 CSS 概述

1. CSS 基本概念

层叠样式表(cascading style sheets,CSS)用于控制网页的样式和布局,并允许将样式信息与网页结构分离的一种标记性语言。CSS 不需要编译,可以直接由浏览器执行,属于浏览器解释型语言。

CSS 是由 W3C 组织负责制定和发布的。1996 年 12 月,发布了 CSS 1.0 规范;1998 年 5 月,发布了 CSS 2.0 规范;2004 年 2 月,发布了 CSS 2.1 规范;2010 年推出了 CSS 3.0 规范。目前使用最广泛的版本是 CSS 2.1 规范,最新版本 CSS 3.0 规范也被不断地更新,将成为未来的发展趋势。

早在 2001 年,W3C 就着手开始准备开发 CSS 3.0 规范。CSS 3.0 规范的一个新特点是规范被分为若干个互相独立的模块,一方面分成若干较小的模块有利于规范及时更新和发布,及时调整模块的内容;另一方面,由于受支持设备和浏览器厂商的限制,设备或厂商可以有选择地支持一部分模块,支持 CSS 3.0 规范的一个子集。

使用 CSS 的优点如下。

(1) 将格式和结构分离:格式和结构的分离,有利于格式的重用及网页的修改维护。

(2) 精确控制页面布局:能够对网页的布局、字体、颜色、背景等图文效果实现更加精确地控制。

(3) 制作体积更小、下载更快的网页:CSS 只是简单的文本,使用它可以减少表格标记、图像用量及其他加大 HTML 体积的代码。

(4) 可以实现许多网页同时更新:利用 CSS 样式表,可以将站点上的多个网页都指向同一个 CSS 文件,从而更新这个 CSS 文件时,可实现多个网页同时更新样式。

2. CSS 的语法规则

CSS 的语法规则由两个主要的部分构成:选择器(selector)及一条或多条声明(declaration)。

CSS 通过选择器将规则与相应的 HTML 元素相关联。

如图 3-1 所示,选择器为 body 元素,表明该 CSS 规则是为 body 元素定义的,页面 body 元素应该遵循这条 CSS 规则显示样式。

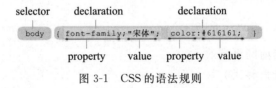

图 3-1　CSS 的语法规则

CSS 声明描述选择器所指向的 HTML 元素的样式及布局。

它位于一对大括号中,每条声明由属性(property)及属性值(value)组成,中间由冒号隔开。一条 CSS 规则可以拥有多个声明,声明之间用分号隔开。如图 3-1 中,"font-family:"宋体";color:#616161;"这两条 CSS 声明分别定义了"字体"为"宋体","文本颜色"为"#616161"。

一些特殊的 CSS 声明可能包含多个属性值,此时,属性值之间需要用空格隔开。

例如,将上面的 body 文本样式进行修改,希望文本样式默认情况下是"倾斜""粗体""15px""宋体",可以采用 font 属性进行定义:

```
body{font: oblique bold 15px "宋体";}
```

3. CSS 注释

与 HTML 注释类似,CSS 注释的作用是为 CSS 代码提供人们可以理解的解释,内容也不会被浏览器解析。CSS 注释以"/*"开始,以"*/"结束。

```
/*以下是页面的样式*/
```

3.1.2　CSS 样式表分类

当读到一个样式表时,浏览器会根据它的样式规则来格式化 HTML 文档,从而在浏览器中显示相应的样式。CSS 样式表根据位置的不同分为外部样式表、内部样式表和内联样式表三种类型。

1. 外部样式表

外部样式表将 CSS 样式规则与 HTML 结构分离,单独存放在 CSS 文件中。当多个页面需要采用同一样式规则时,可以将共同样式抽离出来,写入一个 CSS 文件中,并在多个页面中链接该 CSS 文件,从而实现修改一个样式表文件,改变整个站点的外观。

(1) 创建样式表文件,将其后缀修改为 .css,并在该文件中编写若干样式规则。

(2) 在想使用的页面上,通过<link/>引入外部样式表。

```
<link rel="stylesheet" type="text/css" href="样式表文件路径"/>
```

其中,link 元素可以告诉浏览器样式表文件的位置,浏览器根据样式表文件中的 CSS 规则,对页面进行格式化。属性 href 表示样式表的路径,一般放置在 css 文件夹中。属性 type 表明页面所链接的文本类型,这里是样式表文件的文本类型,是"text/css"。属性 rel 表明 HTML 页面与被链接文件的关系,当链接的是一个 CSS 文件时,它的属性值应该是 stylesheet。

2. 内部样式表

内部样式表同样实现了 CSS 样式规则与 HTML 结构的分离,只不过 CSS 样式规则位于 HTML 文档中的<style>元素中。

```
<style type="text/css"></style>
```

其特点是只针对当前网页有效。

3. 内联样式表(行内样式)

内联样式表将 CSS 样式规则与 HTML 标签紧密结合,CSS 声明被放置 HTML 标签的 style 属性中。

```
<div style="color:red;"></div>
```

将样式内容写在 html 元素中的 style 属性中。

3.1.3　CSS 选择器

CSS 选择器的种类繁多,通过 CSS 选择器可以将 CSS 样式规则与相应的 HTML 元素关联起来。

1. 类别选择器

类选择器根据类名来选择。前面以"."来标志,例如:

```
.demoDiv{color:red;}
```

在 HTML 中,元素可以定义一个 class 的属性。例如:

```
<div class="demoDiv">
这个区域字体颜色为红色
</div>
```

用浏览器浏览,可以发现所有 class 为 demoDiv 的元素都应用了这种样式。其包括页面中的 div 元素。

2. 标签选择器

一个完整的 HTML 页面由很多不同的标签组成,而标签选择器,则是决定哪些标签采用相应的 CSS 样式(就像在大环境中你可能处于不同的位置,但是不管处于怎样的位置,你总是穿着同一套衣服,这件衣服就是由标签选择器事先给你限定好的,不管走到哪里都是这套衣服)。例如,在 style.css 文件中对 p 标签样式的声明如下:

```
p{font-size:12px;background:# 900;color:# 090;}
```

页面中所有 p 标签的背景都是♯900(红色),文字大小均是 12px,颜色为♯090(绿色),这在后期维护中,如果想改变整个网站中 p 标签背景的颜色,只需要修改 background 属性就可以了。

3. ID 选择器

ID 选择器可以为标有特定 ID 的 HTML 元素指定特定的样式。根据元素 ID 来选择元素,具有唯一性,这意味着同一 id 在同一文档页面中只能出现一次。即便把几个元素都命名成相同的 id 名字,CSS 选择器还是会把这些元素都选中应用样式(如 class 选择器那样),对于 CSS 选择器,id 属性的唯一性似乎不存在。然而,对于 JS 而言,它只会选择具有相同 id 名字元素中的第一个。所以,同一个 id 不要在页面中出现第二次。

前面以"♯"号来标志,在样式里面可以这样定义:

```
#demoDiv{color:red;}
```

这里代表 id 为 demoDiv 的元素设置它的字体颜色为红色。在页面上定义一个元素把它的 ID 定义为 demoDiv,例如:

```
<div id="demoDiv">
这个区域字体颜色为红色
</div>
```

用浏览器浏览,可以看到区域内的颜色变成了红色。

4. 后代选择器

后代选择器也称为包含选择器,用来选择特定元素或元素组的后代,将对父元素的选择放在前面,对子元素的选择放在后面,中间加一个空格分开。后代选择器中的元素不仅只能有两个,对于多层祖先后代关系,可以有多个空格加以分开,如 id 为 a、b、c 的三个元素,则后代选择器可以写成♯a ♯b ♯c{}的形式,只要对祖先元素的选择在后代元素之前,中间以空格分开即可。例如:

```
<style>
.father .child{
color:#0000CC;
}
</style>
<p class="father">
黑色
<label class="child"> 蓝色
```

```
<b> 也是蓝色</b>
</label>
</p>
```

这里定义了所有 class 属性为 father 的元素下面的 class 属性为 child 的颜色为蓝色。后代选择器是一种很有用的选择器,使用后代选择器可以更加精确地定位元素。

5. 子元素选择器

请注意这个选择器与后代选择器的区别,子元素选择器(child selector)仅是指它的直接后代,或者可以理解为作用于子元素的第一个后代。而后代选择器是作用于所有子后代元素。后代选择器通过空格来进行选择,而子选择器是通过">"进行选择。

```
CSS:
#links a {color:red;}
#links > a {color:blue;}
HTML:
<p id="links">
<a href="#">DIV+CSS 教程</a>>
<span><a href="#">CSS 布局实例</a></span>
<span><a href="#">CSS2.0 教程</a></span>
</p>
```

将会看到第一个链接元素"DIV+CSS 教程"会显示成蓝色,而其他两个元素会显示成红色。

子选择器(>)和后代选择器(空格)的区别:都表示"祖先　后代"的关系,但是使用">"时必须是"爸爸>儿子",而空格不仅可以是"爸爸　儿子",还能是"爷爷　儿子""太爷爷　儿子"。

6. 伪类选择器

有时候还会需要用文档以外的其他条件来应用元素的样式,如鼠标悬停等。这时候就需要用到伪类了。伪类选择器详细内容如表 3-1 所示。

表 3-1　伪类选择器

类别	选择器	功能描述	类别	选择器	功能描述
超链接伪类选择器	a:link	表示链接在没有被单击时的样式	超链接伪类选择器	a:visited	表示链接已经被访问时的样式
	a:hover	表示当鼠标悬停在上面时的样式。可以应用到其他标签			
指定下标位置伪类选择器	:first-child	选取父元素的首个子元素的指定选择器	指定下标位置伪类选择器	:last-child	选取父元素的最后一个子元素的制定选择器
	:nth-child(n)	匹配属于父元素的第 N 个子元素,不论元素的类型		:th-last-child(n)	匹配从父元素最后一个子元素开始倒数的子元素

续表

类别	选择器	功能描述	类别	选择器	功能描述
UI元素状态伪类选择器	:enabled	指定元素处于可用状态时的样式,一般用于input、select 和 textarea	UI元素状态伪类选择器	:disabled	指定元素处于不可用状态时的样式,一般用于 input、select 和 textarea
	:read-only	指定元素为只读状态时的样式,FF 为-moz-read-only,一般用于 input 和 textarea		:read-write	指定元素为只可写状态时的样式,FF 为-moz-read-write,一般用于 input 和 textarea
	:checked	指定元素被选中状态时的样式,FF 为-moz-checked 一般用于 checkbox 和 radio		:default	指定元素默认选中的样式,一般用于 checkbox 和 radio
	:indeterminate	指定默认一组单选或复选都没被选中的样式,只要有一个被选中则样式被取消,一般用于 checkbox 和 radio			

7. 通用选择器

通用选择器用"＊"来表示。例如,＊{font-size:12px;}表示所有的元素的字体大小都是12px;同时通用选择器还可以和后代选择器组合。例如,p＊{...}表示所有p元素后代的所有元素都应用这个样式。但是与后代选择器的搭配容易出现浏览器不能解析的情况,例如:

```
<p>
所有的文本都被定义成红色
<b> 所有这个段落里面的子标签都会被定义成蓝色</b>
<p> 所有这个段落里面的子标签都会被定义成蓝色</p>
<b> 所有这个段落里面的子标签都会被定义成蓝色</b>
<em> 所有这个段落里面的子标签都会被定义成蓝色</em>
</p>
```

这里在 p 标签里面还嵌套了一个 p 标签,这个时候样式可能会出现与预期结果不相同的结果。

8. 群组选择器

当几个元素样式属性一样时,可以共同调用一个声明,元素之间用逗号分隔。例如:

```
p, td, li {line-height:20px;color:#c00;}
#main p, #sider span {color:#000;line-height:26px;}
.#main p span {color:#f60;}
.text1 h1,#sider h3,.art_title h2 {font-weight:100;}
```

使用群组选择器,将会大大地简化 CSS 代码,将具有多个相同属性的元素,合并群组进行选择,定义同样的 CSS 属性,这大大地提高了编码效率,同时也减少了 CSS 文件的大小。

9. 相邻同胞选择器

除了子选择器与后代选择器,还有相邻同胞选择器。例如,一个标题 h1 元素后面紧跟了两个段落 p 元素,定位第一个段落 p 元素,对它应用样式,就可以使用相邻同胞选择器。看下面的代码:

```
h1 + p {color:blue}
<h1> 一个非常专业的 CSS 站点</h1>
<p> DIV+CSS 教程中,介绍了很多关于 CSS 网页布局的知识。</p>
<p> CSS 布局实例中,有很多与 CSS 布局有关的案例。</p>
```

会看到第一个段落"DIV+CSS 教程中,介绍了很多关于 CSS 网页布局的知识。"文字颜色将会是蓝色,而第二段则不受此 CSS 样式的影响。

10. 属性选择器

属性选择器是根据元素的属性来匹配的,其属性可以是标准属性也可以是自定义属性,也可以同时匹配多个属性。属性选择器详细内容如表 3-2 所示。

表 3-2　属性选择器

选　择　器	功　能　描　述	例　　　子
［attribute］	用于选取带有指定属性的元素	［title］｛margin-left：10px｝ 选择具有 title 属性的所有元素
［attribute＝value］	用于选取带有指定属性和值的元素	［title＝'this'］｛margin-right：10px｝ 选择属性 title 的值等于 this 的所有元素
［attribute~＝value］	用于选取属性值中包含指定词汇的元素	［title ~＝'this'］｛margin-top：10px｝ 选择属性 title 的值包含一个以空格分隔的词为 this 的所有元素,即 title 的值里必须要有 this 这个单词并且 this 要与其他单词之间有空格分隔
［attribute|＝value］	用于选取带有以指定值开头的属性值的元素,该值必须是整个单词	［title |＝'this'］｛margin-top：10px｝ 选择属性 title 的值等于 this,或值以 this- 开头的所有元素
［attribute^＝value］	匹配属性值以指定值开头的每个元素	［title ^＝'this'］｛margin-left：15px｝ 选择属性 title 的值以 this 开头的所有元素
［attribute＄＝value］	匹配属性值以指定值结尾的每个元素	［title ＄＝'this'］｛margin-left：15px｝ 选择属性 title 的值以 this 结尾的所有元素
［attribute*＝value］	匹配属性值中包含指定值的每个元素	［title*＝'this'］｛margin：10px｝ 选择属性 title 的值包含 this 的所有元素

3.1.4　CSS 样式特性

CSS 通过与 HTML 的文档结构相对应的选择器来达到控制页面表现的目的,在 CSS 样式的应用过程中,还需要注意 CSS 样式的一些特性,如继承性、特殊性、层叠性和重要性。

1. CSS 样式的继承性

CSS 样式的继承性指的是,特定的 CSS 属性向下传递到子孙元素。在 CSS 样式中继承并不那么复杂,简单地说,就是将各个 HTML 标签看作是一个大容器,其中被包含的小容器会继承所包含它的大容器的风格样式。子标签还可以在父标签样式风格的基础上再加以修改,产生新的样式,而子标签的样式风格完全不会影响父标签。

2. CSS 样式的特殊性

特殊性规定了不同的 CSS 规则的权重,当多个规则都应用在同一个元素时,权重越高的 CSS 样式越会被优先采用。根据 CSS 样式规范,标签选择器具有特殊性的权重为 1;类签选择器具有特殊性的权重为 10;id 选择器具有特殊性的权重为 100;而继承的属性,其特殊性的权重为 0。任何一条与 CSS 继承值冲突的属性值都会覆盖继承的属性。

通过对上述定义的各 CSS 样式规则的特殊性权重计算可以得出,包含 id 选择器越多的 CSS 样式的权重值越大,各种选择器权重值可以相互叠加。因此,当多个 CSS 样式同时应用在同一个元素时,权重越高的 CSS 样式会被优先采用。

3. CSS 样式的层叠性

层叠就是在 HTML 文件中对于同一个元素可以有多个 CSS 样式存在,当有相同特殊性权重的样式应用在同一个元素时,CSS 规范会根据这些 CSS 样式的前后顺序来决定,位于最后面定义的 CSS 样式会被应用。

由此可以推出,一般情况下,CSS 样式优先级高低为:内联样式表(标签内部)>嵌入样式表(当前文档中)>外部样式表(外部文件中)。

4. CSS 样式的重要性

不同的 CSS 样式具有不同的权重,对于同一个选择器,后定义的 CSS 样式会替代先定义的 CSS 样式,但是有时候设计人员需要某个 CSS 样式拥有最高的权重,此时就需要标出此 CSS 样式为"重要规则"。

例如,在标签选择器 p 的属性值后加上"! important"之后,浏览器显示页面中的段落文字最后显示蓝色,因为"! important"的优先级高于一切其他样式规则。

当设计人员不指定 CSS 样式的时候,浏览器也可以按照一定的样式显示出 HTML 文档的内容,这就是浏览器的默认样式属性。因此,浏览器默认样式的优先级别是最低的。

CSS 选择器的优先级如图 3-2 所示。

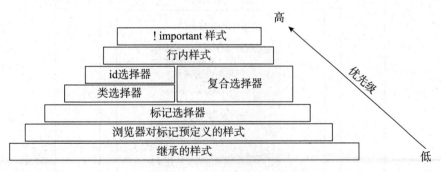

图 3-2 CSS 选择器优先级

【知识总结】

(1) CSS 规则由两个主要的部分构成:选择器和一条或多条声明。

（2）CSS 样式表根据位置的不同分为三种类型：外部样式表、内部样式表和内联样式表。

（3）CSS 常见选择器的定义及应用。

（4）CSS 的样式特性包括继承性、特殊性、层叠性和重要性。

【思考与练习】

（1）CSS 规则由两个主要的部分构成：＿＿＿＿＿＿＿和一条或多条＿＿＿＿＿＿＿。

（2）CSS 样式表根据位置的不同分为三种类型＿＿＿＿＿＿＿、＿＿＿＿＿＿＿和＿＿＿＿＿＿＿。

（3）常见 CSS 选择器有哪些？并举例说明。

3.2　CSS 盒子模型

3.2.1　盒子模型的概念

CSS 假定所有的 HTML 文档元素都生成一个描述该元素在 HTML 文档布局中所占空间的矩形元素框，可以形象地将其看作是一个盒子。CSS 围绕这些盒子产生一种"盒子模型"概念，通过定义一系列与盒子相关的属性，可以极大地丰富和促进各个盒子乃至整个 HTML 文档的表现效果和布局结构。对于是盒子的元素，如果没有特殊设置，其默认总是占独立的一行，宽度

CSS 盒子模型

为浏览器窗口的宽度，在其前后的元素不管是不是盒子，都只能排列在它的上面或者下面，即上下累加着进行排列。HTML 文档中的每个盒子都可以看成是由从内到外的 4 个部分构成，即内容区（content）、填充（padding）、边框（border）和外边距（margin），如图 3-3 所示。

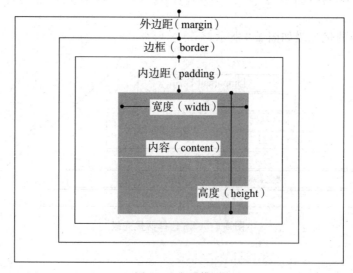

图 3-3　盒子模型

　　CSS 为四个部分定义了一系列相关属性,通过对这些属性的设置可以丰富盒子的表现效果。

3.2.2　边框

　　设置盒子边框的位置、宽度、样式、颜色等样式,常用 border 属性对边框的宽度(border-width)、边框样式(border-style)、边框颜色(border-color)进行设置,例如:

```
border: 1px solid #f5f5f5; /*设置盒子的四个边框为 1px 实体线 颜色是 border: 1px solid
#f5f5f5;*/
```

　　常用 border-top、border-right、border-bottom、border-left 属性来单独设置上、右、下、左边框的样式,例如:

```
border-right: 0;            /*表示右边框为 0px*/
```

　　常用 border-radius 属性来设置圆角边框,例如:

```
border-radius: 10px;        /*设置盒子的四个角为圆角,圆角半径为 10px*/
```

　　还可以使用 border-radius 创建圆形,例如,创建了一个半径为 100px 的圆形,可以采用如下代码:

```
#circle{
  width: 200px;
  height: 200px;
  background-color: red;
  border-radius: 100px;
}
```

　　从代码中可以看出,要创建一个圆形,可以将宽度和高度设置相等,将 border-radius 设置为宽高的一半。

3.2.3　内边距

　　拉开内容与边框的距离,采用内边距属性 padding 进行设置。属性 padding 是复合属性,可以设置盒子的上、下、左、右四个内边距的值。它后面可以跟上一到四个值,例如:

```
padding: 4px;
/*padding 属性有一个参数,表示四个方向的内边距值相等,均为 4px*/
padding: 10px 5px;
/*padding 属性有两个参数,分别表示上下内边距为 10px,左右内边距为 5px*/
padding: 10px 0px 20px;
/*padding 属性有三个参数,分别表示上内边距为 10px,左右内边距为 0px,下内边距为 20px*/
padding: 10px 5px 20px 15px;
/*padding 属性有四个参数,则按照顺时针方向,分别表示上内边距为 10px,右内边距为 5px,下内
边距为 20px,左内边距为 15px*/
```

　　也可以对某个方向的内边距进行设置:padding-top、padding-right、padding-bottom、padding-left 分别设置上、右、下、左内边距的值。

3.2.4 外边距

拉开盒子与其他盒子的距离,采用外边距属性 margin 进行设置。外边距属性 margin 也是复合属性,可以设置盒子的上、下、左、右四个外边距的值。它后面也可以跟上一到四个值,例如:

```
margin: 4px;
/*margin 属性有一个参数,表示四个方向的外边距值相等,均为 4px */
margin: 10px 5px;
/*margin 属性有两个参数,分别表示上下外边距为 10px,左右外边距为 5px*/
margin: 10px 0px 20px;
/*margin 属性有三个参数,分别表示上外边距为 10px,左右外边距为 0px,下外边距为 20px*/
margin: 10px 5px 20px 15px;
/*margin 属性有四个参数,则按照顺时针方向,分别表示上外边距为 10px,右外边距为 5px,下外边距为 20px,左外边距为 15px*/
```

也可以对某个方向的外边距进行设置:margin-top、margin-right、margin-bottom、margin-left 分别设置上、右、下、左外边距的值。

开发中,常用 margin 属性来设置盒子模型在父元素中居中显示,只要将左右外边距设置为 auto 即可,例如:

```
margin:20px auto 0px;        /*这里,margin 有三个参数,分别表示上、左右、下外边距的值,其中
                              左右设置为 auto,可以在父元素中居中显示*/
```

开发调试时,常采用 Chrome 开发者工具观察 HTML 元素的盒子模型。

注意:盒子实际占位尺寸＝margin＋border＋padding＋实体化的宽度或者高度。

在设置 width 和 height 时,要考虑 margin、border 和 padding 的值带来的影响。

3.2.5 盒子的浮动与定位

1. 标准流

标准文档流简称标准流,是指在不使用其他与排列和定位相关的特殊 CSS 规则时各种页面元素默认的排列规则。页面元素可以分为如下两类。

相对定位和绝对定位

(1) 块级元素(block level):总是以一个块的形式表现出来,相邻元素之间垂直排列,并独占一行,如<p>、<div>、<h1>～<h6>、<ul>、<li>等。

(2) 行内元素(inline):相邻元素之间横向排列,到最右端自动换行,如<a>、<span>、<img>、<b>、<i>、<em>等。

标准流就是 CSS 默认的块级元素和行内元素的排列方式。若在一个页面中没有出现特殊的排列方式,那么所有的页面元素就默认以标准流进行布局。

2. 盒子的定位原则

掌握盒子在标准流中的定位原则需要对 margin 有很深的理解,因为 padding 只在盒子内部,不影响盒子的外部,margin 是一个盒子的外边距,直接影响与其他盒子之间的关系。

（1）行内元素之间的水平定位。行内元素主要用于确定水平定位。图 3-4 描述了两个 span 之间的水平定位效果，由图 3-4 可以看出他们之间的距离等于左边元素的 margin-right 加上右边元素的 margin-left。

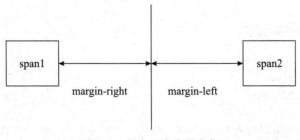

图 3-4　行内元素水平定位

（2）块级元素之间的垂直定位。块级元素之间的垂直定位有点特殊，不能直接相加，而是会出现外边距折叠现象，也就是会以两个元素距离较大的值作为最终距离。

通常会有如下两种情况。

① 两个块级元素为标准流中的两个相邻的兄弟块级元素，垂直外边距会折叠，以较大的垂直外边距为准。例如：相邻兄弟 div 基本语法结构如下。

```
<div class="top"></div>
<div class="bottom"></div>
```

相邻兄弟 div 的样例如下。

```
.top{
        width: 200px;
        height: 200px;
        background: red;
        margin-bottom: 100px;
    }
.bottom{
        width: 200px;
        height: 200px;
        background: blue;
        margin-top:50px;
    }
```

根据上述样例来计算，两个兄弟 div 之间的垂直距离应该是 150px，而实际上却是 100px，在 Chrome 中浏览效果如图 3-5 所示。

利用这种情况下的外边距折叠，假如想让这两个 div 垂直距离为 150px，设置时，可以直接将.top 的 margin-bottom 设置为 150px，或者将.bottom 的 margin-top 设置 150px。

② 父级块元素和标准流下的第一个子级块元素之间，也会发生外边距折叠现象。

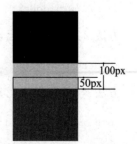

图 3-5　标准流下的相邻兄弟
块级元素外边距折叠

父子 div 的基本语法结构如下。

```
<div class="father">
      <div class="son"></div>
  </div>
```

父子 div 元素的样例如下。

```
.father{
      width:500px;
      height:300px;
      background:pink;
      margin-top:100px;
  }
  .son{
      width:200px;
      height:200px;
      background:red;
      margin-top:50px;
  }
```

根据样式来看，预想的效果如图 3-6(a)所示，然而在 Chrome 中浏览效果如图 3-6(b)所示。

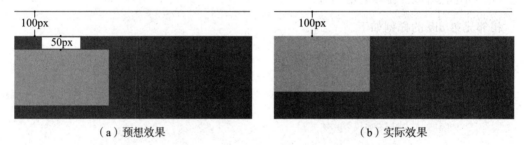

（a）预想效果　　　　　　　　　　　　　　（b）实际效果

图 3-6　父子块级元素外边距折叠

实际上子级块元素.son 的上边距被折叠。如何设置样式才能达到图 3-6(a)的预想效果呢？

方法 1：给父级块元素加溢出隐藏样式。

```
overflow:hidden;
```

方法 2：给父级块元素加内边距。

```
padding-top:1px;
```

方法 3：给父级块元素加上边框，将边框设置为透明即可。

```
border-top:1px solid transparent;
```

方法 4：将父级块元素与子级块元素均设置为浮动。

```
float:left;
```

3. 盒子的浮动

在标准流中，一个块级元素在水平方向会自动伸展，直到包含它的父级元素的边界；在垂直方向上和兄弟元素依次排列但不能在水平方向上并排。如果需要将两个块级元素在同一行中进行排列，则可以通过"浮动"的方法实现。

浮动是指 CSS 中的 float 属性的设置，默认值是 none，也就是关闭的，采用标准流方式布局。如果将 float 属性设置为 left 或者 right，那么元素就会向父级元素的左侧或右侧靠近，同时也不会占用一行。

float 属性的参数如下。

（1）none：对象不浮动。

（2）left：对象浮在父级元素的左边。

（3）right：对象浮在父级元素的右边。

4. 盒子的定位

盒子的定位需要用到 position 属性来实现。

position 属性定位方式如下。

（1）static：静态定位，默认的属性值，也就是按照标准流进行布局。

（2）relative：相对定位，是指将一个元素从它的标准流中所处的位置进行向上、向下、向左、向右偏移，这种偏移不会影响周围元素的位置，周围元素还是位于自己原来在标准流中的位置。

（3）absolute：绝对定位，是指将一个元素完全脱离标准流，浏览器完全忽略掉该元素所占据的空间，该元素向上、向下、向左、向右偏移是相对于浏览器窗口，或者向上追溯到第一个已经定位的父级元素作为参照物。

（4）fixed：固定定位，它和绝对定位类似，只是以浏览器窗口为基准进行定位，当拖动浏览器窗口的滚动条时，依然保持对象位置不变。

当一个盒子设置了定位后，可以使用 left、right 和 z-index 等属性来配合进行排版，如表 3-3 所示。

表 3-3 盒子定位属性

属 性	属 性 值	描 述
top	length（常用单位 px）	设置层距离顶点纵坐标的距离
left	length（常用单位 px）	设置层距离顶点横坐标的距离
z-index	包含正负整数	决定层的先后顺序和覆盖关系
overflow	visible	当层内的内容超出容纳范围时，显示层大小和内容
	hidden	当层内的内容超出容纳范围时，隐藏超出层大小的内容
	auto	当层内的内容超出容纳范围时，才显示滚动条

盒子模型示例如代码 3-1 所示。

【代码 3-1】 盒子模型示例

```
1  <div class="boxA">
```

```
2   <div class="boxB">boxB</div>
3   <div class="boxC">boxC</div>
4   </div>
5   .boxA{width:500px;height:500px; background:# ccc; margin-top:100px;
6       position: relative;          /*父盒子采用相对定位*/
7       overflow:hidden;             /*防止外边距折叠,采用 overflow:hidden;*/
8   }
9   .boxB{ width:200px;
10    height:200px;
11    background:white;
12    position: absolute;            /*绝对定位*/
13    left:200px;                    /*向右偏移 200px*/
14    top:50px;                      /*向下偏移 50px*/
15  }
16  .boxC { color: white; width: 200px; height: 200px; background: black; margin-
     top:50px; }
```

【知识总结】

(1) HTML 文档中的每个盒子都可以看成是由从内到外的四个部分构成,即内容区(content)、填充(padding)、边框(border)和外边距(margin)。

(2) 常用 border-top、border-right、border-bottom、border-left 属性来单独设置上、右、下、左边框的样式。

(3) 属性 padding 是复合属性,可以设置盒子的上、下、左、右四个内边距的值,它后面可以跟上一到四个值。

(4) 外边距属性 margin 也是复合属性,可以设置盒子的上、下、左、右四个外边距的值。

【思考与练习】

(1) 盒子模型(box model)是指所有 HTML 元素都可以看作盒子,用来设计和布局时使用。一个 CSS 盒子包括_____、_____、_____、_____。

(2) 解释"margin:20px 10px 20px 15px;"程序的意思。

3.3 CSS 常用属性

CSS 样式中包含了对文本、段落、背景、边框、位置、列表和光标效果等众多属性的设置,通过这些 CSS 样式属性的设置可以控制网页中几乎所有的元素。

3.3.1 字体属性

CSS 字体属性主要用于设置字体类型、大小及粗细等样式。常用字体属性如表 3-4 所示。

表 3-4　常用字体属性

属　　性	作　　用	举　　例
font-family	指定元素文字的字体,可以指定多个字体并用逗号隔开,如果浏览器不支持第一个字体,则会尝试下一个	font-family:Verdana, Arial, '宋体';
font-size	指定字体的大小,一般以像素(px)为单位进行设置	font-size:12px;
font-style	设置斜体文本,可选属性值如下: normal:默认值; italic:浏览器会显示一个斜体的字体样式; oblique:浏览器会显示一个倾斜的字体样式	font-style:italic;
font-weight	设置粗体文本,定义由粗到细的字符。常用属性值如下: normal:默认值; bold:粗体; bolder:更粗体; lighter:更细的字符; 100,200,300,400,500,600,700,800,900:400 等同于 normal,而 700 等同于 bold	font-weight:bold;
font	复合属性,一个声明中设置所有字体属性。 可设置的属性是(按顺序):"font-style font-variant font-weight font-size/line-height font-family" font-size 和 font-family 的值是必需的,属性值之间用空格分割	font:oblique bold 15px "宋体";

字体属性示例如代码 3-2 所示。

【代码 3-2】　字体属性示例

```
1  <html>
2  <head>
3  <meta charset="UTF-8">
4  <title></title>
5  <style type="text/css">
6  table{
7      font-family: verdana,geneva,sans-serif;
8      font-size: 36px;
9      font-style: italic;
10         font-weight: bold;
11  }
12  </style>
13  </head>
14  <body>
15    <table width="254" border="1">
16      <tr>
17        <td width="244"> 常用字体属性</td>
18      </tr>
19    </table>
```

```
20  </body>
21  </html>
```

代码 3-2 在 Edge 浏览器中的运行结果如图 3-7 所示。

图 3-7　字体属性显示效果

3.3.2　文本属性

文本属性定义文本的颜色、行高、对齐方式、文本修饰、首行缩进等样式,如表 3-5 所示。

表 3-5　常用文本属性

属　　性	作　　用	举　　例
color	设置文本的颜色	color：#616161；
line-height	设置行间距	line-height：30px；
text-align	指定元素文本的水平对齐方式。常用属性值如下： left：把文本排列到左边； 默认值：由浏览器决定； right：把文本排列到右边； center：把文本排列到中间； justify：实现两端对齐文本效果	text-align：center；
text-decoration	规定添加到文本的修饰。常用属性值如下： none：默认,定义标准的文本； underline：定义文本下的一条线； overline：定义文本上的一条线； line-through：定义穿过文本下的一条线； blink：定义闪烁的文本	text-decoration：underline；
text-indent	指定文本块中首行文本的缩进值	text-indent：50px；

其中,line-height 行间距设置为跟元素的 height 高度一致的时候可以实现元素内容的垂直居中。

文本属性示例代码如代码 3-3 所示。

【代码 3-3】　文本属性示例

```
1  <html>
2  <head>
3  <meta charset="UTF-8">
4  <title></title>
5  <style type="text/css">
```

```
6      div{
7          text-align: center;
8          text-indent: 30px;
9          text-decoration: underline;
10             line-height: 20px;
11             letter-spacing: 10px;
12      }
13 </style>
14 </head>
15 <body>
16     <div>
17     常用文本属性
18     </div>
19 </body>
20 </html>
```

代码 3-3 在 Edge 浏览器中的运行结果如图 3-8 所示。

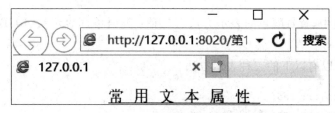

图 3-8　文本属性显示效果

3.3.3　背景属性

背景属性定义背景的背景色、背景图、平铺方式及背景图定位等样式,如表 3-6 所示。

表 3-6　常用背景属性

属　　性	作　　用	举　　例
background-color	设置或检索对象的背景颜色。颜色值可以是十六进制编码、颜色名称、RGB、HSL	background-color：rgb（255，0，255）；
background-image	设置指定元素的背景图像。 默认情况下,background-image 放置在元素的左上角,并重复垂直和水平方向	background-image：url（"bg.png"）；
background-repeat	设置指定元素的背景图像的平铺方式。可选参数如下： repeat：默认情况下背景图像将向垂直和水平方向重复； repeat-x：只有水平位置会重复背景图像； repeat-y：只有垂直位置会重复背景图像； no-repeat：背景图像不会重复	background-repeat：repeat-x；表示背景 X 轴平铺

81

续表

属　性	作　用	举　例
background-position	设置背景图像的起始位置。后面将采用这个属性去设置 sprite 图片	background：url（sprite.jpg） -560px -846px；
background-attachment	背景图像是固定的还是随着页面的其余部分滚动。可选参数如下： scroll：默认情况背景图片随页面的其余部分滚动； fixed：背景图像是固定的	background-attachment：fixed；
background	复合属性。可以同时设置多个背景属性。	background：#00ff00 url（'bg.png'）no-repeat fixed center；表示背景色为绿色、背景为 bg.png，不重复，固定不滚动，居中

　　CSS 2.1 规范中，背景颜色的表示方法有三种：英语单词表示法、RGB 表示法、十六进制表示法。

　　例如，红色可以有以下的三种表示方法。

```
background-color: red;
background-color: rgb(255,0,0);
background-color: #ff0000;
```

1. 英语单词表示法
能够用英语单词来表述的颜色，都是简单颜色，如红色。

```
background-color: red;
```

2. RGB 表示法
RGB 表示三原色红（red）、绿（green）、蓝（blue）。

　　光学显示器中，每个像素都是由三原色的发光原件组成的，靠明亮度不同调成不同的颜色的。r、g、b 的值，每个值的取值范围为 0～255，一共 256 个值。

红色：

```
background-color: rgb(255,0,0);
```

黑色：

```
background-color: rgb(0,0,0);
```

颜色可以叠加，比如黄色就是红色和绿色的叠加：

```
background-color: rgb(255,255,0);
```

3. 十六进制表示法
红色：

```
background-color: #ff0000;
```

注意：所有用♯开头的值，都是十六进制的。例如，"background-color：♯123456；"等价于"background-color：rgb(18,52,86)"。十六进制可以简化为三位，所有♯aabbcc 的形式，能够简化为♯abc。例如：

```
background-color:#ff0000;等价于 background-color:#f00;
background-color:#112233;等价于:background-color:#123;
```

但是，下面这两种形式是无法简化的：

```
background-color:#222333;
background-color:#123123;
```

背景属性示例如代码 3-4 所示。

【**代码 3-4**】　背景属性示例

```
1  <html>
2  <head>
3  <meta charset="UTF-8">
4  <title></title>
5  <style type="text/css">
6    div{
7       width: 400px;
8       height: 400px;
9       background-image: url(img/1.jpg);
10        background-repeat: no-repeat;
11        background-position: 50px 50px;
12    }
13  </style>
14  </head>
15  <body>
16    <div></div>
17  </body>
18  </html>
```

代码 3-4 在 Edge 浏览器中的运行结果如图 3-9 所示。

图 3-9　背景属性显示效果

3.3.4 鼠标属性

CSS 鼠标属性主要用于设置鼠标的显示形状,常见鼠标属性如表 3-7 所示。

表 3-7 鼠标属性

属性值	描　述	属性值	描　述
pointer	设置鼠标为手形状	ne-resize	设置鼠标为指向东北的箭头
crosshair	设置鼠标为十字交叉形状	n-resize	设置鼠标为指向北的箭头
text	设置鼠标为文本选择形状	nw-resize	设置鼠标为指向西北的箭头
wait	设置鼠标为 Windows 的沙漏形	w-resize	设置鼠标为指向西的箭头
default	设置鼠标为默认的形状	sw-resize	设置鼠标为指向西南的箭头
help	设置鼠标为带问号的形状	s-resize	设置鼠标为指向南的箭头
e-resize	设置鼠标为指向东的箭头	se-resize	设置鼠标为指向东南的箭头

鼠标属性示例如代码 3-5 所示。

【代码 3-5】 鼠标属性示例

```
1   <html>
2   <head>
3    <meta charset="UTF-8">
4    <title></title>
5    <style type="text/css">
6      p#help{cursor: help;}
7      p#pointer{cursor: pointer;}
8      p#crosshair{cursor: crosshair;}
9      p#wait{cursor: wait;}
10   </style>
11  </head>
12  <body>
13    <p id="help">help 问号鼠标</p>
14    <p id="pointer">pointer 手形状鼠标</p>
15    <p id="crosshair">crosshair 十字鼠标</p>
16    <p id="wait">沙漏鼠标</p>
17  </body>
18  </html>
```

代码 3-5 在 Edge 浏览器中的运行结果如图 3-10 所示。

图 3-10 鼠标属性显示效果

3.3.5　列表属性

CSS 列表属性主要用于设置项目列表前的引导符号,常用的属性如表 3-8 所示。

表 3-8　列表属性

属　　性	属　性　值	描　　　述
list-style-image	image_url	选择图像作为列表的引导符号
list-style-position	outside	列表贴近左侧边框显示
	inside	列表缩进显示
list-style-type	disc	在列表项前添加"·"实心圆点
	circle	在列表项前添加"○"空心圆点
	square	在列表项前添加"■"实心方块
	decimal	在列表项前添加普通阿拉伯数字
	lower-roman	在列表项前添加小写的罗马数字
	upper-rowman	在列表项前添加大写的罗马数字
	lower-alpha	在列表项前添加小写英文字母
	upper-alpha	在列表项前添加大写英文字母
	none	在列表项前不添加任何符号

可以将 list-style-image、list-style-type 和 list-style-position 列表样式属性合并使用复合属性 list-style。

```
li {list-style : url(example.gif) square inside}
```

list-style 的值可以按任何顺序列出,而且这些值都可以忽略。只要提供了一个值,其他的就会填入其默认值。

```
li {list-style : square}
```

其他值就取默认值进行填入。

【知识总结】

(1) CSS 字体属性主要用于设置字体类型、大小及粗细等样式。

(2) CSS 文本属性定义文本的颜色、行高、对齐方式、文本修饰、首行缩进等样式。

(3) CSS 背景属性定义背景的背景色、背景图、平铺方式及背景图定位等样式。

(4) CSS 鼠标属性主要用于设置鼠标的显示形状。

(5) CSS 列表属性主要用于设置项目列表前的引导符号。

【思考与练习】

(1) CSS 字体属性中 font-weight 是用来 _____,值包括 _____、_____、_____。

（2）请完成一个文字广告，如图 3-11 所示。注意，当鼠标滑过"商场公告"列表时链接文字为 red。

图 3-11　商场公告

3.4　CSS 页面布局

如何运用 Web 标准中的各种技术达到网页表现和内容相分离，已成为基于 Web 标准的网站设计的核心问题。只有真正实现了表现和结构分离的网页，才是符合 Web 标准的网页设计，所以掌握基于 CSS 的网页布局方式，是实现 Web 标准的根本。网页布局是指在页面中如何对标题、导航栏、主要内容、脚注、表单等各种主要构成元素进行一个合理的排版。

3.4.1　网页布局的类型

目前越来越多的显示设备出现，从计算机显示器到平板计算机再到智能手机，屏幕的分辨率也各不相同。在进行网页布局时，设计人员面临的最大问题是要针对不同的显示器尺寸和分辨率设计出合理的页面。Web 布局针对这个问题提出了几种基本的解决方法，在设计网页和进行页面布局时可以进行参考。

1. 固定宽度网页布局

设计人员可以用固定宽度设计网页布局尺寸，这种布局有一个设置了固定宽度的外包裹，里面的各个模块也是固定宽度而非百分比。重要的是容器（外包裹）元素被设置为不能移动。一般为了适应主流的分辨率（1024px×768px），许多固定宽度都设计在 1000px 宽度以下，使浏览器的滚动条和其他部件所占用的窗口和空间在显示区域之内，最常见的固定宽度为 960px，如果小于这个宽度，则会出现滚动条。固定布局不管屏幕分辨率如何变化，访客看到的都是固定宽度的内容。它的好处是能如同平面媒体一样，版面上所有区域的大小都能维持不变，让用户的操作习惯不会被不同大小的屏幕分辨率所影响。

1）固定宽度网页布局的优点

（1）设计师所设计的就是最终用户所看到的。

（2）设计更加简单，并且更加容易定制。

（3）在所有浏览器中宽度一样，所以不会受到图片、表单、视频和其他固定宽度内容的影响。

（4）不需要 min-width、max-width 等属性，因为有些浏览器并不支持这些属性。

（5）即使需要兼容 800px×600px 或更小的分辨率，网页的主体内容仍然有足够的宽度易于阅读。

2）固定宽度网页布局的缺点

（1）对于使用高分辨率的用户，固定宽度布局会留下很大的空白。

（2）屏幕分辨率过低时会出现横向滚动条。

（3）当使用固定宽度布局时，应该确保至少居中外包裹 div(margin:0 auto)以保持一种显示平衡，否则对于使用高分辨率的用户，整个页面会被藏到一边去。

2. 流式网页布局

流式布局也通常被称作液态布局。通常采用相对于分辨率高低的百分比的方式自适应不同的分辨率。它不会像固定布局一样在左右两侧出现空白，或是被窗口框切掉，它可以根据浏览器的宽度和屏幕的大小自动调整效果，灵活多变。流式布局的网页中主要的划分区域的尺寸使用百分数（搭配 min-*、max-* 属性使用）。例如，设置网页主体的宽度为80%，min-width 为 960px，图片也做类似处理(width:100%，max-width 一般设定为图片本身的尺寸，防止图片被拉伸而失真)。这种布局方式适用于屏幕尺度跨度不是太大的情况下，主要用来应对不同尺寸的 PC 屏幕。

1）流式网页布局的优点

（1）对用户更加友好，因为它能够部分自适应用户的设置。

（2）页面周围的空白区域在所有分辨率和浏览器下都是相同的，在视觉上更美观。

（3）如果设计良好，流动布局可以避免在低分辨率下出现水平滚动条。

2）流式网页布局的缺点

（1）设计者需要在不同的分辨率下进行测试，才能够看到最终的设计效果。

（2）不同分辨率下的图像或者视频可能需要准备不同的对应的素材。

（3）在屏幕分辨率跨度特别大时，内容会过大或者过小，变得难以阅读。

3. 响应式网页布局

由于固定宽度网页布局和流式网页布局都具有不可忽视的缺点，而且随着 CSS3 出现了媒体查询技术，因此又发展出了响应式网页布局设计的概念。响应式设计的目标是确保一个页面在所有终端上(各种尺寸的 PC、手机、手表、平板计算机等的 Web 浏览器等)都能显示出令人满意的效果。对 CSS 开发者而言，在实现上不拘泥于具体手法，但通常是糅合了流式布局，再搭配媒体查询技术使用。它能够帮助网页根据不同的设备平台(跨度大的屏幕分辨率大小)对内容、媒体文件和布局结构进行相应的调整与优化，从而使网站在各种环境下都能为用户提供一种最优且相对统一的体验模式。

响应式布局的关键技术是 CSS3 中的媒体查询，可以在不同分辨率下对元素重新设置样式(不只是尺寸)，在不同屏幕下可以显示不同版式，一般来说响应式布局配合流式布局效果更好。

3.4.2 DIV＋CSS 网页布局

DIV＋CSS 网页布局技术是实现页面表现和内容相分离的核心技术。

DIV＋CSS 布局方法的核心技术就是盒子模型，简单来说，就是将页面看成是由很多矩形盒子组成，通过 CSS 定义盒子的样式，并借助于 div 标签将这些盒子合理摆放在网页中和显示出其中的内容。盒子之间可以是并列关系，也可以是嵌套关系。

1. 创建 div 标签

div 标签是用来为 HTML 文档内块（block）的内容提供结构和背景的元素。div 的起始标签和结束标签之间的所有内容都是用来构成这个块的，其中包含元素的特性由 div 标签的属性来控制，或者是通过使用 CSS 样式格式化这个块来进行控制。div 是一个容器，在HTML 页面中可以有很多个这样的容器，而且页面的每一个标签对象都可以被看作一个容器。

div 标签是 HTML 中指定的专门用于布局设计的容器对象，div 替代早期的表格布局，完成页面的区域划分，而后由 CSS 来定义区域中内容显示的样子。

网页都是由大大小小的块状对象，也就是 div 所构成，要设计网页布局，就先要使用 div将页面划分出不同区域，并且为这些 div 编写 CSS 样式，控制 div 块所显示的位置，甚至区块中内容所显示的样子。

div 标签属性最常用的有 id 和 class 两种。例如：

```
<div id="id名称">块容器中的内容</div>
<div class="class名称">块容器中的内容</div>
```

2. 网页元素定位

CSS 为定位和浮动提供了一些属性，利用这些属性，可以建立列式布局，甚至可以将布局的一部分与另一部分重叠。CSS 有三种基本的定位机制：普通流、浮动和绝对定位。除非专门指定，否则所有框都在普通流中定位。也就是说，普通流中的元素的位置由元素在HTML 中的位置决定。块级框从上到下一个接一个地排列，框之间的垂直距离是由框的垂直外边距计算出来的，如代码 3-6 所示，所有的页面块状元素都是从上到下逐个排列。如果想要改变普通流中元素的位置，则需要借助于 CSS 的浮动定位属性或绝对定位属性。

【代码 3-6】 DIV＋CSS 网页布局示例

```
1   <!DOCTYPE HTML>
2   <html>
3   <head>
4   <title> DIV+ CSS 网页布局示例</title>
5   <style type="text/css">
6   *{padding: 0; margin: 0; }   /*通用选择器将页面所有外边距和内边距清零*/
7   h1 {width:300px;height:40px; border:1px solid red; }   /*给 h1 标签元素加上内容尺
                                                          寸和外边框*/
8   .bigBox{ width:200px;height:200px;border:1px solid green;background:#F30;
9   margin:20px;padding:20px;
10          } /*class 选择器定义大盒子的尺寸、边框、背景色和外边距*/
11  .smallBox{width:100px;height:100px;
12    border:1px solid red;background:#6F9;
13  }           /*class 选择器定义小盒子的尺寸、边框、背景色和外边距*/
14  </style>
15  </head>
16  <body>
17      <h1> CSS 盒子模型范例</h1>
```

```
18    <div class="bigBox"> 大盒子</div>
19    <div class="smallBox"> 小盒子</div>
20     <div class="bigBox"><div class="smallBox"> 小盒子</div></div>
21  </body>
```

3.4.3　CSS 综合实例

1. CSS 进度条

使用 CSS 属性完成进度条样式的展示，如图 3-12 所示。

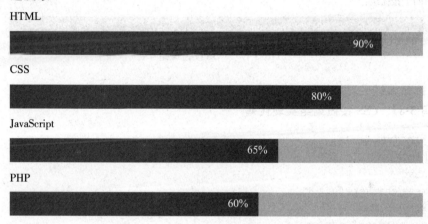

图 3-12　进度条样式

进度条实现如代码 3-7 所示。

【代码 3-7】　进度条实现

```
1  <! DOCTYPE html>
2  <html>
3  <head>
4  <meta charset="UTF-8">
5  <title></title>
6  <style type="text/css">
7  *{box-sizing: border-box}
8  .container {width: 100% ; background-color: #ddd;}
9  .skills {text-align: right;padding-right: 20px;line-height: 40px;color: white;}
10  .html {width: 90% ; background-color: #4CAF50;}
11  .css {width: 80% ; background-color: #2196F3;}
12  .js {width: 65% ; background-color: #f44336;}
13  .php {width: 60% ; background-color: #808080;}
14  </style>
15  </head>
16  <body>
17  ...        //进度条代码
18  </body>
19  </html>
```

2. CSS 按钮组

使用 CSS 属性完成按钮编组效果如图 3-13 所示。

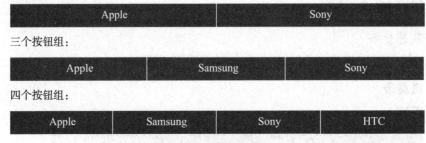

图 3-13　CSS 按钮编组

CSS 按钮编组实现如代码 3-8 所示。

【代码 3-8】 CSS 按钮编组实现代码

```
1   <! DOCTYPE html>
2   <html>
3   <head>
4   <meta charset="utf-8"/>
5   <title></title>
6   <style type="text/css">
7   .btn-group button{
8     background-color: #4CAF50; /*Green background */
9     border: 1px solid green; /*Green border */
10      color: white; /*White text */
11      padding: 10px 24px; /*Some padding */
12      cursor: pointer; /*Pointer/hand icon */
13      float: left; /*Float the buttons side by side */
14  }
15  /*Clear floats (clearfix hack) */
16  .btn-group:after {content: "";clear: both;display: table;}
17  .btn-group button:not(:last-child) { border-right: none;}
18  /*Add a background color on hover */
19  .btn-group button:hover{
20      background-color: #3e8e41;
21  }
22  </style>
23  </head>
24  <body>
25      ...        //按钮组代码
26  </body>
27  </html>
```

3. 顶部导航样式

使用 CSS 属性完成导航栏样式美化,实现效果如图 3-14 所示。

图 3-14　顶部导航

顶部导航实现如代码 3-9 所示。

【代码 3-9】　顶部导航实现

```
1   <!DOCTYPE html>
2   <html>
3   <head>
4   <meta charset="utf-8"/>
5   <title></title>
6   <style type="text/css">
7   body {margin:0;}
8   .topnav{
9    overflow: hidden;
10   background-color: #333;
11  }
12  .topnav a{
13  float: left;
14  display: block;
15  color: #f2f2f2;
16  text-align: center;
17  padding: 14px 16px;
18  text-decoration: none;
19  font-size: 17px;
20  }
21  .topnav a:hover{
22  background-color: #ddd;
23  color: black;
24  }
25  .topnav a.active{
26  background-color: #4CAF50;
27  color: white;
28  }
29  </style>
30  </head>
31  <body>
32  ...   //顶部导航代码
33  </body>
34  </html>
```

4. 响应式登录表单

使用 CSS 属性优化响应式登录表单,实现效果如图 3-15 所示。

图 3-15　响应式登录表单

响应式登录表单实现如代码 3-10 所示。

【代码 3-10】　响应式登录表单实现代码

```
1   <! DOCTYPE html>
2   <html>
3   <head>
4   <meta charset="utf-8" />
5   <title></title>
6   <style type="text/css">
7   body {font-family: Arial, Helvetica, sans-serif;}
8   *{box-sizing: border-box;}
9   /*容器样式*/
10  . container { position: relative; border-radius: 5px; background-color: #
    f2f2f2;padding: 20px 0 30px 0;}
11  /*输入框,链接按钮样式*/
12  input,.btn {width: 100% ;padding: 12px;border: none;border-radius: 4px;
13  margin: 5px 0;opacity: 0.85;display: inline-block;font-size: 17px;
14  line-height: 20px; text-decoration: none;       /*移除锚文本链接下画线*/}
15  input:hover, .btn:hover {opacity: 1;}
16  /*按钮背景颜色*/
17  .fb { background-color: #3B5998;color: white;}
18  .twitter {background-color: #55ACEE;color: white;}
19  .google {background-color: #dd4b39;color: white;}
20  /*提交按钮样式*/
21  input[type=submit] { background-color: #4CAF50;color: white; cursor: pointer;}
22  input[type=submit]:hover {background-color: #45a049;}
23  /*两列布局*/
24  .col {float: left;width: 50% ;margin: auto; padding: 0 50px;margin-top: 6px;}
25  /*清除浮动*/
26  .row:after {content: ""; display: table;clear: both;}
27  /*vertical line*/
28  .vl{ position: absolute;left: 50% ; transform: translate(-50% );border: 2px
    solid #ddd;
```

92

```
29  height: 175px;}
30  /*水平方向的文本*/
31  .vl-innertext{position: absolute;top: 50% ;transform: translate(-50% , -50% );
32  background-color: #f1f1f1;border: 1px solid #ccc; border-radius: 50% ;
33  padding: 8px 10px;}
34  /*大屏幕隐藏文本*/
35  .hide-md-lg { display: none;}
36  /*底部容器*/
37  .bottom-container{ text-align: center;background-color: #666;
38  border-radius: 0px 0px 4px 4px;}
39  /*响应式设计,在设备屏幕尺寸小于 650px ,上下丢跌显示*/
40  @ media screen and (max-width: 650px){
41    .col { width: 100% ; margin-top: 0; }
42    /*hide the vertical line*/
43    .vl {display: none; }
44    /*show the hidden text on small screens*/
45    .hide-md-lg {display: block;text-align: center;}}
46  </style>
47  </head>
48  <body>
49  ...  //响应式表单代码
50  </body>
51  </html>
```

【知识总结】

(1) CSS 网页布局可以使用固定宽度网页布局、流式网页布局、响应式网页布局等。

(2) 在程序员日常排版网页布局中使用最多的是 DIV＋CSS 网页布局方式。

【思考与练习】

(1) 固定宽度网页布局的优点包括哪些?

(2) 流式网页布局的优点包括哪些?

(3) 请使用 DIV＋CSS 布局程序实现如图 3-16 所示的效果。

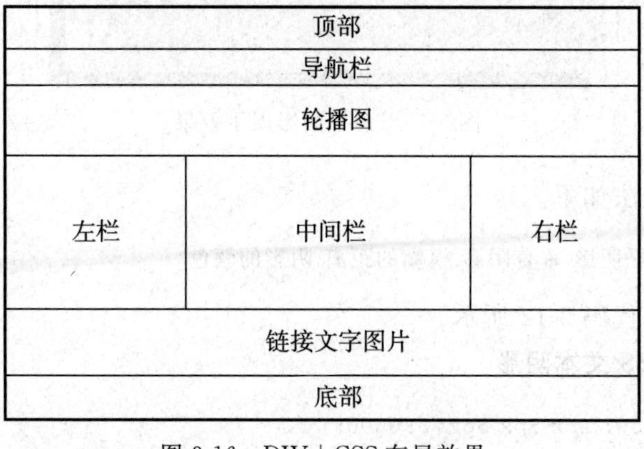

顶部		
导航栏		
轮播图		
左栏	中间栏	右栏
链接文字图片		
底部		

图 3-16　DIV＋CSS 布局效果

3.5　CSS3 新特性

3.5.1　CSS3 新属性

1. 阴影

盒子阴影(shadow)基本语法如下。

box-shadow: 水平阴影 垂直阴影 模糊的距离 阴影的颜色

快速设置阴影只需要设置三个值即可,投影的颜色默认和元素文本颜色(color)保持一致。

CSS 盒子阴影如代码 3-11 所示。

【代码 3-11】　CSS 盒子阴影

```
1  div{
2      width: 300px;
3      height: 100px;
4      padding: 15px;
5      background-color: yellow;
6      box-shadow: 10px 10px grey;
7  }
8  <div> 测试盒子阴影</div>
```

代码 3-11 在 Edge 浏览器中的运行结果如图 3-17 所示。

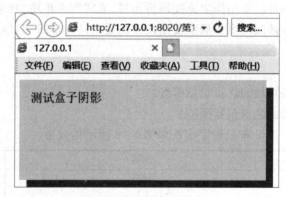

图 3-17　盒子阴影展示效果

文本阴影基本语法如下。

text-shadow: 水平阴影 垂直阴影 模糊的距离 阴影的颜色

CSS 文本阴影如代码 3-12 所示。

【代码 3-12】　CSS 文本阴影

```
1  h1{text-shadow: 5px 5px 5px#FF0000;}
2  <h1> 测试文本阴影</h1>
```

代码 3-12 在 Edge 浏览器中的运行结果如图 3-18 所示。

图 3-18　文本阴影展示效果

2. 转换(transform)

应用于元素的 2D 或 3D 转换,这个属性允许将元素旋转、缩放、移动、倾斜等。2D 转换方法如表 3-9 所示。

表 3-9　2D 转换方法

函　　数	功 能 描 述	举　　例
translate(x,y)	定义 2D 转换,沿着 X 轴和 Y 轴移动元素	div{transform:translate(50px,100px)} div 元素 X 轴移动 50px,Y 轴移动 100px
scale(x,y)	定义 2D 缩放转换,改变元素的宽度和高度	div{transform:scale(2,3)} div 元素宽度是原始大小的 2 倍,高度是原始大小的 3 倍
rotate(angle)	定义 2D 旋转,在参数中规定角度	div{transform:rotate(30deg)} div 元素旋转 30°
skew(x-angle,y-angle)	定义 2D 倾斜转换,沿着 X 轴和 Y 轴	div{transform:skew(30deg,20deg)} div 元素沿着 X 轴旋转 30°,Y 轴旋转 20°

其中各个方法都可以单独针对 X 轴或 Y 轴进行设置,如 translateX(n)、translateY(n)、scaleX(n)、scaleY(n)、skewX(angle)、skewY(angle)。

3D 转换方法如表 3-10 所示。

表 3-10　3D 转换方法

函　　数	功 能 描 述	举　　例
translate3d(x,y,z)	定义 3D 转换,沿着 X 轴、Y 轴、Z 轴移动元素	div{transform:translate3d(50px,100px,30px)} div 元素 X 轴移动 50px,Y 轴移动 100px,Z 轴移动 30px
scale3d(x,y,z)	定义 3D 缩放转换	div{transform:scale3d(2,3)} div 元素宽度是原始大小的 2 倍,高度是原始大小的 3 倍
rotate3d(x,y,z,angle)	定义 3D 旋转	div{transform:rotate3d(30deg)} div 元素旋转 30°
perspective(n)	定义 3D 转换元素的透视视图	div{transform:perspective(1000px)} div 元素添加透视距离 1000px

3. 过渡(transition)

CSS3 过渡是元素从一种样式逐渐改变为另一种样式的效果。

要实现这一点,必须规定两项内容:指定要添加效果的 CSS 属性;指定效果的持续时间。其基本语法如下。

```
transition: 属性 持续时间;
```

使用 CSS 的多种属性结合过渡属性即可实现炫酷网页动态效果,如代码 3-13、代码 3-14 所示。

【代码 3-13】 过渡示例 1

```
1  <html>
2  <head>
3  <meta charset="utf-8">
4  <title>过渡效果测试 transition</title>
5  <style>
6  div{width: 100px;height: 100px;background: red;
7      transition: width 2s, height 2s, transform 2s;}
8  div:hover {width: 200px;height: 200px;transform: rotate(180deg);}
9  </style>
10 </head>
11 <body>
12 <div>过渡效果测试 transition</div>
13 </body>
14 </html>
```

代码 3-13 在 Edge 浏览器中的运行结果如图 3-19 所示。

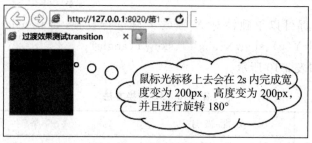

图 3-19　过渡效果展示 1

【代码 3-14】 过渡示例 2

```
1  <html>
2  <head>
3  <meta charset="utf-8">
4  <title></title>
5  <style>
6      #scroll{width:100px;height:100px;
7          background:yellow;border:2px solid red;
8          border-radius:50% ;font-size:48px;
9          font-weight:bold;text-align:center;
```

96

```
10            line-height:100px;
11            /*增加过渡*/
12            transition:all 5s;
13        }
14      #scroll:hover{transform:translate(500px) rotate(1080deg);}
15    </style>
16  </head>
17  <body>
18    <div id="scroll">好</div>
19  </body>
20  </html>
```

代码 3-14 在 Edge 浏览器中的运行结果如图 3-20 所示。

图 3-20　过渡效果展示 2

3.5.2　CSS3 弹性盒子

弹性盒子是 CSS3 的一种新的布局模式,是一种当页面需要适应不同的屏幕大小以及设备类型时,确保元素拥有恰当的行为的布局方式。

引入弹性盒子布局模型目的:提供一种更加有效的方式来对一个容器中的子元素进行排列、对齐和分配空白空间。

弹性盒子的相关概念如下。

(1) 容器:布局元素的父元素就是容器。

(2) 项目:要实现布局的元素就是项目。

(3) 主轴:决定项目排列方向的一根轴,就是主轴(X、Y)。

(4) 交叉轴:与主轴交叉的轴是交叉轴。

弹性盒子基本语法以下。

```
display:flex
```

或

```
inline-flex
```

注意:

(1) 元素变为容器后,项目的 float、clear、vertical-align 全部失效。

(2) 项目的尺寸允许被修改。

（3）容器的 text-align 属性会失效。

弹性盒子常用属性如表 3-11 所示。

表 3-11　弹性盒子常用属性

属　　性	功　能　描　述	举　　例
display	指定 HTML 元素盒子类型	div{display:flex} div 元素设置为弹性盒子的容器
flex-direction	指定了弹性容器中子元素的排列方式	div{flex-direction:row;} div 元素更改主轴排列方式为从左到右
justify-content	设置弹性盒子元素在主轴（横轴）方向上的对齐方式	div{justify-content:center} div 元素主轴居中紧挨着填充
align-items	设置弹性盒子元素在侧轴（纵轴）方向上的对齐方式	div{align-items:flex-end} div 元素侧轴（Y 轴）底部进行排版
flex-wrap	设置弹性盒子的子元素超出父容器时是否换行	div{flex-wrap:wrap} div 元素可换行
align-content	修改 flex-wrap 属性的行为，类似 align-items，但不是设置子元素对齐，而是设置行对齐	div{align-content:flex-end} div 元素各行向弹性盒容器的结束位置堆叠
order	设置弹性盒子的子元素排列顺序，用整数值来定义排列顺序，数值小的排在前面，可以为负值	div{order:-1} div 元素排序标识为-1

CSS 弹性盒子如代码 3-15、代码 3-16 所示。

【代码 3-15】　CSS 弹性盒子示例 1

```
1   <html>
2   <head>
3   <meta charset="utf-8">
4   <title></title>
5   <style>
6       #d1{
7           border:1px solid #000;
8           display:flex;              /*变为弹性布局的容器*/
9           flex-direction:row;        /*更改主轴及其排列方向*/
10          flex-wrap:wrap;            /*处理换行*/
11      }
12      #d1 div{width:200px;height:200px;margin: 10px;}
13      .c1{background:red;}
14      .c2{background:green;}
15      .c3{background:blue;}
16  </style>
17  </head>
18  <body>
19      <div id="d1">
20          <div class="c1">class=c1</div>
21          <div class="c2">class=c2</div>
22          <div class="c3">class=c3</div>
```

```
23      </div>
24   </body>
25   </html>
```

代码 3-15 在 Edge 浏览器中的运行结果如图 3-21 所示。

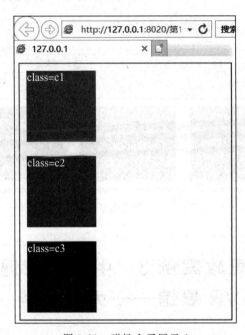

图 3-21　弹性盒子展示 1

【代码 3-16】 CSS 弹性盒子示例 2

```
1   <html>
2   <head>
3   <meta charset="utf-8">
4   <title></title>
5   <style>
6       #d1{
7           border:1px solid #000;
8           display:flex;              /*变为弹性布局的容器*/
9           flex-direction:row;        /*更改主轴及其排列方向*/
10           flex-wrap:wrap;          /*处理换行*/
11          }
12      #d1 div{width:100px;height:100px;margin: 10px;}
13      .c1{background:red;}
14      .c2{background:green;flex-grow:1}
15      .c3{background:blue;}
16   </style>
17   </head>
18   <body>
19      <div id="d1">
20          <div class="c1">class=c1</div>
```

```
21        <div class="c2">class=c2</div>
22        <div class="c3">class=c3</div>
23     </div>
24  </body>
25  </html>
```

代码 3-16 在 Edge 浏览器中的运行结果如图 3-22 所示。

图 3-22　弹性盒子展示 2

3.6　思政案例 3　中国国家博物馆 VR 展馆——大唐风华

本例以中国国家博物馆主办的云展览"大唐风华"为主题,以美立德,深入挖掘优秀传统文化之美,领悟中华美育精神的精髓,用相关技术诠释美的内涵。

大唐风华登录方法

【知识总结】

(1) CSS3 新属性包括阴影(shadow)、转换(transform)和过渡(transition)等。

(2) CSS3 转换可以实现平移、缩放、旋转和倾斜等效果,也可以实现 3D 转换。

(3) CSS3 弹性盒子是一种新的布局模式,是一种当页面需要适应不同的屏幕大小以及设备类型时,确保元素拥有恰当的行为的布局方式。

【思考与练习】

(1) CSS3 将"Web 前端技术"的文字阴影改为蓝色的代码为＿＿＿＿＿＿。

(2) 请使用 CSS 程序实现将图 3-23 从(0,0)的坐标 3s 内移动到(400,500)的位置。

图 3-23　花

第4章 JavaScript 脚本语言

项目引入

JavaScript 是一种属于网络的脚本语言,已经被广泛用于 Web 应用开发,常用来为网页添加各式各样的动态功能,为用户提供更流畅美观的浏览效果。通常 JavaScript 脚本是通过嵌入在 HTML 中来实现自身功能的。

JavaScript 脚本语言同其他语言一样,有它自身的基本数据类型、表达式和算术运算符及程序的基本程序框架。JavaScript 提供了四种基本的数据类型和两种特殊数据类型用来处理数据和文字;而变量提供存放信息的地方,表达式则可以完成较复杂的信息处理。

学习目标

➢ 理解面向对象的开发思想。
➢ 掌握 JavaScript 面向对象开发的相关模式。
➢ 掌握在 JavaScript 中使用正则表达式。

思政素养

以"复兴之路",歌颂中华民族传统美德之下的复兴之梦。引领使命担当,厚植家国情怀。

4.1 JavaScript 基础

4.1.1 JavaScript 概述

1. JavaScript 概述

JavaScript 最初是由网景公司的 Brendan Erich 设计,是一种动态类型、弱类型、基于原型的语言。它的解释器被称为 JavaScript 引擎,为浏览器的一部分,广泛用于客户端的脚本语言,最早是在 HTML 网页上使用,用来给 HTML 网页增加动态功能。经过近二十年的发展,它已经成为健壮的基于对象和事件驱动并具有相对安全性的客户端脚本语言。同时也是一种广泛用于客户端 Web 开发的脚本语言,常用来给 HTML 网页添加动态功能,比如响应用户的各种操作。

在 1995 年时,由 Netscape 公司的 Brendan Eich,在网景导航者浏览器上首次设计实现而成。因为 Netscape 与 Sun 合作,Netscape 管理层希望它外观看起来像 Java,所以取名为 JavaScript,但实际上它的语法风格与 Self 及 Scheme 较为接近。

JavaScript 和 Java 除了在语法方面有点类似之外,几乎没有相同之处,并且由不同的公司开发研制。JavaScript 和 Java 之间主要存在以下区别。

（1）Java 是传统的编程语言，JavaScript 是脚本语言。

（2）Java 语言多用于服务器端，JavaScript 主要用于客户端。

（3）Java 不能直接嵌入网页中运行，JavaScript 程序可以直接嵌入网页中运行。

（4）Java 和 JavaScript 语法结构有差异。

2. JavaScript 的历史版本

JavaScript 的历史版本如表 4-1 所示。

表 4-1　JavaScript 的历史版本

版本	发布日期	新 增 功 能
1.0	1996 年 3 月	目前已经不用
1.1	1996 年 8 月	修正了 1.0 中的部分错误，并加入了对数组的支持
1.2	1997 年 6 月	加入了对 swith 选择语句和规则表达的支持
1.3	1998 年 10 月	修正了 JavaScript 1.2 与 ECMA 1.0 中不兼容的部分
1.4	1999 年	加入了服务器端功能
1.5	2000 年 11 月	在 JavaScript 1.3 的基础上增加了异常处理程序，并与 ECMA 3.0 完全兼容
1.6	2005 年 11 月	加入对 E4X、字符串泛型的支持以及新的数组、数据方法等新特性
1.7	2006 年 10 月	在 JavaScript 1.6 的基础上加入了生成器、声明器、分配符变化、let 表达式等新特性
1.8	2008 年 6 月	更新很小，包含了一些向 ECMAScript 4/JavaScript 2 进化的痕迹
1.8.1	2009 年 6 月	该版本只有很少的更新，主要集中在添加实时编译跟踪

JavaScript 是一种属于网络的脚本语言，已经被广泛用于 Web 应用开发，常用来为网页添加各式各样的动态功能，为用户提供更流畅美观的浏览效果。通常 JavaScript 脚本是通过嵌入在 HTML 中来实现自身功能的。

JavaScript 是一种解释型脚本语言（代码不进行预编译）。

JavaScript 可以直接嵌入 HTML 页面，而且写成单独的 js 文件有利于结构和行为的分离。

JavaScript 具有跨平台特性，在绝大多数浏览器的支持下，可以在多种平台下运行（如 Windows、Linux、Mac、Android、iOS 等）。

JavaScript 脚本语言具有以下特点。

（1）脚本语言：JavaScript 是一种解释型的脚本语言，采用小程序段的方式实现编程，主要运行在浏览器上。

（2）基于对象：JavaScript 是一种基于对象的脚本语言，它不仅可以创建对象，也能使用现有的对象。

（3）安全性好：它不允许访问本地的硬盘，因此并不能将数据存入到服务器上，只能通过浏览器实现信息浏览或动态交互，从而有效地防止数据的丢失。

（4）事件驱动（动态性）：JavaScript 是一种采用事件驱动的脚本语言，它不需要经过 Web 服务器就可以对用户的输入给出响应。在访问一个网页时，鼠标在网页中进行鼠标单击、上下移动、窗口移动等操作,JavaScript 都可直接对这些事件给出相应的响应。

(5) 跨平台性:JavaScript 脚本语言不依赖于操作系统,仅需要浏览器的支持。因此一个 JavaScript 脚本在编写后可以带到任意机器上使用,前提是机器上的浏览器支持 JavaScript 脚本语言,目前 JavaScript 已被大多数的浏览器所支持。

3. 在网页中加载 JavaScript 脚本

在 Web 前端开发中,加载 JavaScript 脚本通常有两种方式,一种是将 JavaScript 代码独立存储于" * .js"的脚本文件中,再载入当前 HTML 文档;另一种是直接将 JavaScript 代码嵌入到 HTML 文档中。

1) 加载外部 JavaScript 脚本

(1) 创建 JavaScript 脚本文件,将后缀名设置为".js",如 demo.js。

```
document.write("<h3> 欢迎你</h3>");
```

document 对象的 write 方法,可以在页面中写入内容。

(2) 在页面中加载脚本,采用如下代码:

```
<script src="js/demo.js"></script>
```

其中,<script>元素的 src 属性告诉浏览器 JavaScript 文件的存储位置。

将这句代码放入 HTML 文档的<head>元素中或者<body>元素中,如代码 4-1 所示。

【代码 4-1】　demo1.html

```
1   <! DOCTYPE html>
2   <html lang="en">
3       <head>
4           <meta charset="utf-8">
5           <title> JavaScript</title>
6       </head>
7       <body>
8           <h1> DOM</h1>
9           <hr>
10          <p> DOM,全称为 Document Object Model</p>
11          <script src="js/demo.js"></script>
12      </body>
13  </html>
```

注意:假如页面需要加载大量的 js 脚本,为了用户得到更好的体验,建议将脚本的位置放置在</body>的前面,而不放置在<head>中。因为浏览器的渲染引擎是自上而下进行的。将 js 脚本放置在</body>的前面,就能优先渲染页面的节点对象,让用户更快看到页面的内容。

代码 4-1 渲染出的效果如图 4-1 所示。

2) 加载内部 JavaScript 脚本

JavaScript 脚本代码也可通过<script>元素直接嵌入 HTML 页面,如代码 4-2 所示。

【代码 4-2】　demo2.html

```
1   <! DOCTYPE html>
```

103

图 4-1 加载外部 JavaScript 脚本效果

```
2   <html lang="en">
3       <head>
4           <meta charset="utf-8">
5           <title> JavaScript</title>
6       </head>
7   <body>
8           <script>
9           document.write("<h3> 欢迎你</h3> ");
10          </script>
11                  <h1>DOM</h1>
12                  <hr>
13                  <p> DOM,全称为 Document Object Model</p>
14  </body>
15  </html>
```

JavaScript 脚本放置在"<h1>DOM</h1>"的前面,当浏览器遇见 JavaScript 脚本,就开始解析,所以解析输出的"欢迎你"位置也随之变化,如图 4-2 所示。

图 4-2 内部 JavaScript 脚本效果

4.1.2 JavaScript 基本语法

无论是传统编程语言(如 C、C++),还是脚本语言(如 JavaScript、jQuery),都具有数据类型、变量和常量、运算符、表达式、注释语句等基本元素,这些基本元素构成了编程的基础。

在学习 JavaScript 之前,一定要有 HTML 和 CSS 的基础。如果你本身已有 HTML 和 CSS 基础,学习起来即可事半功倍。

每一种计算机编程语言都有自己的数据结构,JavaScript 脚本语言的数据结构包括以下几个。

1. 标识符

标识符,就是一个名称。在 JavaScript 中,变量和函数等都需要定义一个名字,这个名字就可以称为"标识符"。

JavaScript 语言中标识符需要注意如下 3 点。

(1) 第一个字符必须是字母、下画线(_)或美元符号($)这三种其中之一,其后的字符可以是字母、数字、下画线、美元符号。

(2) 变量名不能包含空格、加号、减号等符号。

(3) 标识符不能和 JavaScript 中用于其他目的的关键字同名。

这几点跟 C、Java 等其他很多语言的命名规则相同。

2. 关键字

JavaScript 关键字是指在 JavaScript 语言中有特定含义,成为 JavaScript 语法中一部分的那些字。JavaScript 关键字是不能作为变量名和函数名使用的,也就是说变量的名称或者函数的名称不能跟系统的关键字重名。使用 JavaScript 关键字作为变量名或函数名,会使 JavaScript 在载入过程中出现编译错误。在这一点上,JavaScript 跟其他编程语言是一样的。JavaScript 关键字如表 4-2 所示。

表 4-2 JavaScript 关键字

var	new	boolean	float	int	char
byte	double	function	long	short	true
break	continue	interface	return	typeof	void
class	final	in	package	synchronized	with
catch	false	import	null	switch	while
extends	implements	else	goto	native	static
finally	instaceof	private	this	super	abstract
case	do	for	public	throw	default

3. 常量

常量是指不能改变的量。常量的值从定义开始就是固定的,一直到程序结束。常量主要用于为程序提供固定和精确的值,包括数值和字符串,如数字、逻辑值真(true)、逻辑值假(false)等都是常量。

4. 变量

变量是指在程序运行过程中,其值是可以改变的。

1) 变量的命名

变量,顾名思义,在程序运行过程中,其值可以改变。变量是存储信息的单元,它对应于某个内存空间,变量用于存储特定数据类型的数据,用变量名代表其存储空间。程序能在变量中存储值和取出值。可以把变量比作超市的货架(内存),货架上摆放着商品(变量),可以把商品从货架上取出来(读取),也可以把商品放入货架(赋值)。

变量的名称实际上是一个标识符,因此命名一个变量时也要遵循标识符的命名规则。

(1) 第一个字符必须是字母、下画线(_)或美元符号,其后的字符可以是字母、数字、下划线、美元符号。

(2) 变量名不能包含空格、加号、减号等符号。

(3) 不能使用 JavaScript 中的关键字。

(4) 严格区分大小写。

2) 变量的声明与赋值

在 JavaScript 中,所有的 JavaScript 变量都是由关键字 var 声明。声明变量有如下情况。

(1) 使用一个关键字 var 同时声明多个变量,例如:

```
var i,b,c;          //同时声明 a、b 和 c 三个变量
```

(2) 在声明变量的同时对其赋值,即初始化,例如:

```
var i= 1,b= 2,c= 3;          //同时声明 a、b 和 c 三个变量,并分别初始化
```

(3) 如果只是声明了变量,并未对其赋值,其默认为 undefined。

(4) 使用 var 多次声明同一个变量,那么新的值会覆盖旧的值。

(5) 因为 JavaScript 采用弱类型的形式,所以在定义时,可以不管数据类型,即可将任意类型的数据赋值给变量,JavaScript 将根据实际的值来确定变量的类型。例如:

```
var num=100          //数值数据类型
var str="中文字符串"          //字符串类型
var b=true          //布尔类型
```

(6) 变量也可以不事先使用关键字 var 做声明,而直接使用,这样虽然简单,但不易发现变量各方面的错误,而且不利于后期的维护,不建议这么做。

3) 变量的作用域

变量的作用域是指某变量在程序中的有效范围,也就是程序中定义这个变量的区域。在 JavaScript 中,变量根据作用域可以分为两种:全局变量和局部变量。

全局变量在主程序中定义,其有效范围是从定义开始,一直到本程序结束为止。局部变量在程序的函数中定义,其有效范围只有在该函数之中;当函数结束后,局部变量生存期就结束了。

4) 变量的数据类型

每一种计算机语言除了有自己的数据结构外,还具有自己所支持的数据类型。JavaScript 跟传统编程语言不同,它采用的是弱数据方式,也就是说一个数据不必先做声明,可以在使用或赋值时再确定其数据类型,当然也可以先声明该数据类型。

数据类型

JavaScript 数据类型有三大分类:一是"基本数据类型",二是"特殊数据类型",三是"复杂数据类型",如表 4-3 所示。

表 4-3　变量的数据类型

数 据 类 型		描　　述
基本数据类型	number(数值类型)	包含整数或浮点数,如 123 或 12.3
	string(字符串类型)	以单引号或双引号括起来的字符,如"你好"
	boolean(逻辑值类型)	又称布尔值,仅有两种取值:true 或 false
特殊数据类型	null(空值类型)	表示对象变量没有初始化
	undefined(未定义类型)	表示不存在的变量,或声明了但却一直没有赋值的量
	\(转义字符)	用于在字符串中添加不可显示的特殊字符
复杂数据类型	array(数组数据类型)	用于保存一组相同类型的数据
	function(函数数据类型)	用于保存一段程序,这段程序可以在 JavaScript 中重复地被调用
	object(对象数据类型)	用于保存一组不同类型的数据和函数

(1) 基本数据类型。

① number(数值类型)

number(数值类型)是最基本的数据类型。在 JavaScript 中,和其他程序设计语言(如 C 和 Java)的不同之处在于,它并不区别整型数值(int)和浮点型数据(float)。在 JavaScript 中,所有的数字都是由数值类型表示的。

a. 整型数据:整型数据指的是数据形式是十进制整数来的,整数可以为正数、0 或负数。例如,0、4、-5、1 000。

b. 浮点型数据:浮点型数据是指带有小数的数据。

浮点数还可以使用指数法表示,即实数后跟随字母 e 或 E,后面加上正负号,其后再加一个整型指数。这种计数法表示的数值等于前面的实数乘以 10 的指数次幂。例如:

```
2.1;
.666666;
8.12e11    //8.12*10^11;
2.321E-12  //2.321*10^-12;
```

② string(字符串类型)

字符串是由 Unicode 字符、数字、标点符号等组成的序列,它是 JavaScript 用来表示文本的数据类型。程序中的字符串型数据是包含在单引号或双引号中的,由单引号定界的字符串中可以含有双引号,由双引号定界的字符串中也可以含有单引号。

a. 单引号括起来的一个或多个字符,例如:

```
'我是一名大学生'
'人无远虑,必有近忧'
```

b. 双引号括起来的一个或多个字符,例如:

```
"大学生的主要任务是学习"
```

c. 单引号定界的字符串中可以含有双引号,例如:

`'name="username" '`

d. 双引号定界的字符串中可以含有单引号,例如:

`"You can call me 'tody'"`

③ boolean(逻辑值类型)

数值型和浮点型的数据值都有无穷多个,但是布尔型数据类型只有两个:真(true)和假(false)。0 可以看作 false,1 可以看作 true。

布尔值通常在 JavaScript 程序中用来比较所得的结果,例如:

`n==1`

这行代码测试了变量 n 的值是否和数值 1 相等。如果相等,比较的结果就是布尔值为true,否则结果就是 false。

布尔值通常用于 JavaScript 的控制结构。例如,JavaScript 的"if...else 语句"就是布尔值为 true 时执行一个动作,而在布尔值为 false 时执行另一个动作。

(2) 特殊数据类型。

① null(空值类型)

JavaScript 中的关键字 null 是一个特殊的值,表示为空值,用于定义空的或不存在的引用。如果试图引用一个没有定义的变量,则返回一个 null 值。注意:null 不等同于空的字符串("")或 0。

② undefined(未定义类型)

未定义类型的变量是 undefined,表示变量还没有赋值(如 var b;),或者赋予一个不存在的属性值。JavaScript 中有一种特殊类型的数字常量 NaN,即"非数字"。在程序中由于某种原因计算错误后,将产生一个没有意义的数字(如数字 * 字母),此时 JavaScript 返回的数字值就是 NaN。

③ \(转义字符)

用于在字符串中添加不可显示的特殊字符。

以反斜杠开头的不可显示的特殊字符称为转义字符。通过转义字符可以在字符串中添加不可显示的特殊字符,或者防止引号匹配混乱的问题。常用的转义字符如表 4-4 所示。

表 4-4 常用的转义字符表

转义字符	描述	转义字符	描述
\n	回车换行	\r	换行
\t	tab 符号	\\	反斜杠
\b	空格	\v	跳格(两个空格)
\'	单引号	\"	双引号

(3) 复杂数据类型。

① array(数组数据类型)

用于保存一组相同类型的数据,例如:

```
var arr=new Array();    //数组类型
var arr=[];             //数组类型
```

② function（函数数据类型）

用于保存一段程序，这段程序可以在 JavaScript 中重复地被调用，例如：

```
var fun1=function(){
            alert("事件类型 1");
};
function fun2(){
            alert("事件类型 2");
};
```

③ object（对象数据类型）

用于保存一组不同类型的数据和函数，例如：

```
var obj={"name":"张三","sex":"男","age":18};  //对象数据类型
```

5. 数据类型转换

JavaScript 在执行运算操作时，可以进行两种类型的数据转换：自动数据类型转换和强制数据类型转换。

数据类型转换

1）自动转换

JavaScript 是一种动态类型的语言，在执行运算操作时，JavaScript 会自动按下列原则进行数据类型的转换。

（1）如果表达式中有操作数是字符串，而运算符使用加号（＋），此时 JavaScript 会自动将数值转换成字符串，例如：

```
var x="姑娘今年"+18;            //姑娘今年 18
    var y="15"+5                //155
```

（2）如果表达式中有操作数是字符串，而运算符使用除加号以外的其他运算符，如（/），此时 JavaScript 会自动将字符串转换成数值，例如：

```
var x="30"/5;                  //6
var y="15"-"5";                //10
```

2）强制转换

使用下列方法强制将字符串类型转换为数值类型。

（1）eval（字符串）：将传入的字符串参数内容，转换成相对应的数值。例如：

```
eval ("15")+ 5;                //20
```

（2）parseInt（字符串）：将传入的字符串参数内容，转换成十进制的数值。例如：

```
parseInt("15")+ 5;            //20
```

（3）parseFloat（字符串）：将传入的字符串参数内容，转换成浮点数值。例如：

```
parseFloat("15.333")+ 5;      //20.333
```

4.1.3 JavaScript 运算符

运算符是完成一系列操作的符号。

JavaScript 的运算符按运算符类型可以分为五种：算术运算符、比较运算符、赋值运算符、逻辑运算符、条件运算符。

1. 算术运算符

算术运算符用于在程序中进行加、减、乘、除等运算，如表 4-5 所示。

表 4-5　算数运算符

运算符	描述	示　　例	运算符	描述	示　　例
＋	加	4＋6　//返回值 10	％	求余	7％4　//返回值 3
－	减	7－3　//返回值 4	＋＋	自增	i=1;i＋＋　//i 的值为 2
*	乘	3 * 4　//返回值 12	－	自减	i=4;i－－　//i 的值为 3
/	除	12/4　//返回值 3			

其中，"＋＋"是自增运算符，指的是在原来值的基础上加 1，i＋＋表示"i＝i＋1"。该运算符有以下两种情况。

(1) i＋＋：在使用 i 之后，使 i 的值加 1。

(2) ＋＋i：在使用 i 之前，先使 i 的值加 1。

2. 比较运算符

比较运算符的基本操作过程是：首先对操作数进行比较，该操作数可以是数字也可以是字符串，然后返回一个布尔值 true 或 false。比较运算符如表 4-6 所示。

表 4-6　比较运算符

运算符	描述	示　　例	运算符	描述	示　　例
＜	小于	1＜4　//返回 true	＝＝	等于	"5"＝＝5　//返回 true
＞	大于	2＞5　//返回 false	＝＝＝	绝对等于	"5"＝＝＝5　//返回 false
＜＝	小于等于	8＜＝7　//返回 false	!＝	不等于	4!＝5　//返回 true
＞＝	大于等于	3＞＝5　//返回 false	!＝＝	不绝对等于	"5"!＝＝5　//返回 true

3. 赋值运算符

JavaScript 中的赋值运算可以分为两种：简单赋值运算和复合赋值运算。简单赋值运算是将赋值运算符(＝)右边表达式的值保存到左边的变量中。复合赋值运算结合了其他操作(如算术运算操作)和赋值操作。赋值运算符如表 4-7 所示。

表 4-7　赋值运算符

运算符	示　　例	运算符	示　　例
＝	str＝"张三"	＋＝	a＋＝b 等价于 a＝a＋b
－＝	a－＝b 等价于 a＝a－b	* ＝	a * ＝b 等价于 a＝a * b
/＝	a/＝b 等价于 a＝a/b	％＝	a％＝b 等价于 a＝a％b

表 4-8　逻辑运算符

运　算　符	描　　　述
!	取反（逻辑非）
&&	与运算（逻辑与）
||	或运算（逻辑或）

4. 逻辑运算符

逻辑运算符通常用于执行布尔运算，它们常常和比较运算符一起使用来表示复杂比较运算，这些运算涉及的变量通常不止一个，而且常用于 if、while 和 for 语句中。逻辑运算符如表 4-8 所示。

（1）true 的 ! 为 false，false 的 ! 为 true。

（2）a&&b：a、b 全为 true 时，表达式为 true，否则表达式为 false。

（3）a||b：a、b 全为 false 时，表达式为 false，否则表达式为 true。

5. 条件运算符

条件运算符是 JavaScript 支持的一种特殊的运算符。其基本语法如下。

```
条件 ? 表达式 1 : 表达式 2;
```

说明：如果"条件"为 true，则表达式的值使用"表达式 1"的值；如果"条件"为 false，则表达式的值使用"表达式 2"的值。

4.1.4　JavaScript 控制流程

无论是传统的编程语言，还是脚本语言，构成程序的基本结构都是顺序结构、选择结构和循环结构三种。

顺序结构是最基本也是最简单的程序，一般由定义常量和变量语句、赋值语句、输入/输出语句、注释语句等构成。顺序结构在程序执行过程中，按照语句的书写顺序从上至下依次执行，但大量实际问题需要根据条件判断，以改变程序执行顺序或重复执行某段程序，前者称为选择结构，后者称为循环结构。

JavaScript 对程序流程的控制跟其他编程语言是一样的，主要有以下三种。

1. 顺序结构

顺序结构是 JavaScript 中最基本的结构，说白了就是按照从上到下、从左到右的顺序执行，如图 4-3 所示。

2. 选择结构

选择结构是按照给定的逻辑条件来决定执行的顺序，有单向选择、双向选择和多向选择之分，但是程序在执行过程中都只是执行其中的一条分支，如图 4-4 所示。

选择结构主要用到的语句为：if 语句、if...else 语句、switch 语句。

（1）if 语句语法如下。

```
if(表达式){
    语句块 1;
}
    语句块 2;
```

（2）if...else 语句语法如下。

```
if(表达式){
```

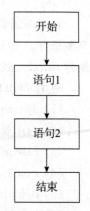

图 4-3　顺序结构

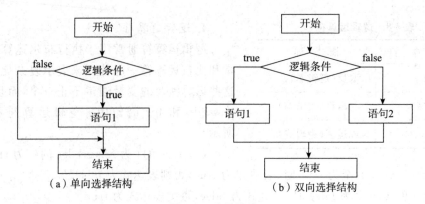

图 4-4 选择结构

```
        语句块 1;
}else{
        语句块 2;
}
```

if 语句嵌套：在实际应用中，所判断的情况存在多种可能性，此时，可以在 if...else 语句中再包含一个或多个 if...else 语句。这种表达形式称为 if 语句嵌套。

（3）switch 语句语法如下。

```
switch(表达式){
    case 判断 1:
        语句块 1;
        break;
    case 判断 n:
        语句块 n;
        break;
    default:
        语句块 n+1;
        break;
}
```

switch 语句与 if 语句类似，也是选择结构的一种形式，一个 switch 语句可以处理多个判断条件。一个 switch 语句相当于一个 if...else 嵌套语句，几乎所有的 switch 语句都能转换为 if...else 嵌套语句。

使用 switch 语句时，应注意以下几点。

（1）switch 关键字后的表达式结果只能为整型或字符串。

（2）case 标记后的值必须为常量表达式，不能使用变量。

（3）case 和 default 标记后使用冒号而非分号。

（4）case 标记后的语句块，无论是一句还是多句，大括号{}都可以省略。

（5）default 标记可以省略，也可以把 default 子句放在最前面。

（6）break 语句为可选项，如果没有 break 语句，程序会执行满足条件 case 后的所有语句，如此一来很可能达不到多选一的效果，因此，建议不要省略 break。

3. 循环结构

一般而言,在 JavaScript 中,程序总体是按照顺序结构执行的,但是在顺序结构可以包含选择结构和循环结构。

循环结构即根据代码的逻辑条件来判断是否重复执行某一段程序。若逻辑条件为 true,则进入循环重复执行;若逻辑条件为 false,则退出循环。

一个完整的循环结构,必须有以下四个基本要素:循环变量初始化、循环条件、循环体和改变循环变量的值。JavaScript 语言提供了 while、do...while、for 三种循环语句,下面将分别对其进行讲解。

(1) for 循环语句的基本语法如下。

```
for(初始值表达式;条件表达式;增量表达式){
        循环体语句;
}
```

注意:在使用 for 循环时一定要保证循环条件的结果存在 false,否则会造成死循环。

例如:

```
var num=0;
for(i=0; i<=10; i+ + ){
        num+=i;
}
alert("0--10 的和为:"+num);
```

for 语句循环是按照指定的循环次数,执行循环体内的语句块。

(2) while 循环语句的基本语法如下。

```
循环变量初始表达式;
  while(条件表达式){
      循环语句体;
      循环变量增量表达式;
}
```

注意:在使用 while 循环时一定要保证循环条件的结果存在 false,否则会造成死循环。

例如:

```
var num=0;
i=0;
while(i<=10){
        num+ =i;
         i+ + ;
}
alert("0--10 的和为:"+num);
```

while 循环语句根据循环条件的返回值来判断执行循环体的次数。当逻辑条件成立时,重复执行循环体,直到条件不成立时终止。

(3) do...while 循环语句的基本语法如下。

```
循环变量初始表达式;
do{
```

```
        循环语句体;
        循环变量增量表达式;
}while(条件表达式)
```

do while 语句是 while 语句的变体。while 语句是先判断逻辑条件,再执行循环体。do...while 语句则是先执行循环体,再判断逻辑条件,如图 4-5 所示。

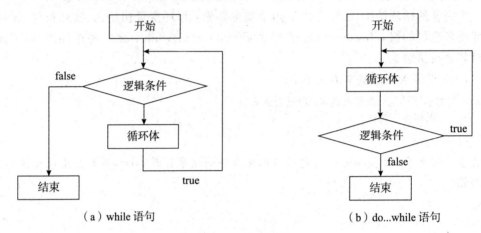

（a）while 语句　　　　　　　　　　（b）do...while 语句

图 4-5　循环结构

（4）中止及强行退出当前循环语句如下。

① continue 语句:结束当前的循环,并马上开始下一个循环。

② break 语句:结束当前的各种循环,并执行循环体的下一条语句。

【知识总结】

（1）JavaScript 是一种动态类型、弱类型、基于原型的语言。它的解释器被称为 JavaScript 引擎,为浏览器的一部分,广泛用于客户端的脚本语言,最早是在 HTML 网页上使用,用来给 HTML 网页增加动态功能。

（2）在页面中加入 JavaScript 脚本可以分为加载外部文件和加载内部脚本两种方式。

（3）变量在程序运行过程中,其值可以改变,变量是存储信息的单元,它对应于某个内存空间,变量用于存储特定数据类型的数据。

（4）JavaScript 中运算符包括算术运算符、比较运算符、逻辑运算符、条件运算符、赋值运算符等。

（5）JavaScript 对程序流程的控制跟其他编程语言是一样的,主要有三种:顺序结构、选择结构、循环结构。

【思考与练习】

（1）变量的命名规则是什么?

（2）变量的数据类型包括哪些?

（3）请写出 for 循环的其他写法。

4.2　JavaScript 事件和函数

4.2.1　JavaScript 事件

事件就是用户与 Web 页面交互时产生的操作,如单击、移动窗口、选择菜单等。事件驱动就是当事件发生后,会由此而引发一连串程序的执行,这些程序称为事件处理程序。

事件驱动一般需要通过特定对象本身所具有的事件来调用事件处理程序。事件处理程序可以是任意的 JavaScript 语句,但是一般用特定的自定义函数来对事件进行处理。常用的 JavaScript 事件可以分为鼠标事件、键盘事件、页面相关事件、表单事件等。JavaScript 常用事件如表 4-9 所示。

表 4-9　JavaScript 常用事件

事　件		描　述	事　件	描　述
键盘事件	click	单击鼠标左键时	dblclick	双击鼠标左键时
	mousedown	按下鼠标键时	mouseup	松开鼠标键时
	mousemove	鼠标移动	mouseover	当鼠标光标移动到某对象范围的上方时
	mouseout	当鼠标离开某对象范围时	keydown	当键盘上的某个键被按下时
	keyup	键盘上某个键松开时	keypress	键盘上某个键被按下并且释放时
页面相关事件	abort	图片在下载时被用户中断	load	页面或图片加载完成时
	unload	关闭或退出当前网页时	error	加载文件或图形时发生错误
表单相关事件	blur	当元素失去焦点时	focus	当元素获得焦点时
	select	文本被选中时	change	当元素的值发生改变时
	submit	单击【提交】按钮时		

事件处理程序就是当某个事件发生后,处理事件的程序或函数。

事件处理过程定义方式:在每一种事件名称前面加上 on 即可,如 onclick、onblur。

如何在元素节点上绑定事件呢? 一般有如下三种方式:采用 HTML 事件属性触发事件、采用 DOM 分配事件和为元素绑定事件监听。

1. 采用 HTML 事件属性触发事件

直接在 HTML 属性中添加事件监听,并可以访问自身设定好的函数进行处理,例如:

```
<div onclick="fun1()"></div>
<script type="text/javascript">
    function fun1(){
        alert("测试 DIV 单击事件!");
    }
</script>
```

2. 采用 DOM 分配事件

使用 DOM 获取元素再进行绑定事件的方式，例如：

```
<div id="div"></div>
<script type="text/javascript">
    document.getElementById("div").onclick=function(){
            alert("测试 DIV 单击事件!");
    }
</script>
```

3. 为元素绑定事件监听

可以使用 JavaScript 的监听机制，例如：

```
<div id="div"></div>
<script type="text/javascript">
    document.getElementById("div").addEventListener("click",function(){
            alert("测试 DIV 单击事件!");
    });
</script>
```

注意：采用事件监听方式为元素绑定事件时，事件是没有 on 前缀的。采用 HTML 事件属性触发事件、采用 DOM 分配事件这两种方式，事件是有 on 前缀的。目前，一般不采用 HTML 事件属性触发事件，因为这种方式将 JavaScript 代码与 HTML 代码混在一起，不利于行为与结构的分离。

4.2.2　JavaScript 函数

函数是指在程序设计中，将一段经常使用的代码"封装"起来，在需要的时候进行调用，这种"封装"就是函数。在 JavaScript 中，函数的定义是由关键字 function、函数名加一组参数，以及置于大括号中需要执行的一段代码定义的。

1. 函数定义

使用函数前，先要定义函数，定义函数使用关键字 function，在 JavaScript 中定义函数常用的方法有两种：声明式函数和匿名函数。

1）声明式函数

声明式函数是最常见的一种函数形式。首先需要一个关键字 function，接着是函数名称、放在圆括号内的可选参数，然后是函数体。其基本语法如下。

```
function 函数名(参数 1,参数 2,...){
    函数语句体;
    [return 表达式;]
}
```

说明：

（1）函数名：必需，在同一个页面中，函数名必须是唯一的，并且区分大小写；

（2）参数：非必需，用于指定参数列表，此时的参数没有具体的值，也称为虚参；

（3）函数语句体：必需，用于实现函数功能的语句；

（4）表达式：非必需，用于返回函数值。可以是任意的表达式、变量或常量。

2）匿名函数

匿名函数就是不指定函数名称,对于不指定名称函数的函数定义非常简单,只需要使用关键字 function 和可选参数,后面跟一对大括号,大括号内是语句块,称为函数体,其基本语法如下。

```
function ([参数1,参数2...])
{
//函数体语句
}
```

匿名函数的调用一般有以下两种情况。

（1）赋值给变量,例如:

```
var  aa= function ([参数1,参数2...]){//函数体语句 }
```

（2）网页事件调用,例如:

```
window.onload = function ([参数1,参数2...])
{//函数体语句}
```

3）调用函数

定义函数是为了在后序代码中使用函数。函数自己不会执行,必须通过调用,函数才会执行。在 JavaScript 中调用函数的常用方法有直接调用、表达式调用、事件调用。

（1）直接调用,代码如下。

```
<script>
function sayHello(){document.write("Hello!");}
sayHello();
</script>
```

（2）表达式调用,代码如下。

```
<script>
function sayHello(){return "Hello!"}
document.write(sayHello());
</script>
```

（3）事件调用,代码如下。

```
<input type="button"  value="单击按钮调用函数"  onClick="sayHello()">
```

2. 递归函数

递归函数是函数体内调用自身,可以实现循环调用的功能。需要注意避免进入死循环。可以用来处理比如阶乘问题。

例如:1～5 的阶乘结果如下。

```
function fun1(n){
    if(n<=1){
        return 1;
    }else{
        return fun1(n-1)* n;
    }
}
console.log(fun1(5));
```

3．内置函数

JavaScript 内置函数是指在源码里面已经定义好，用户可以直接使用的函数，如表 4-10 所示。

表 4-10　JavaScript 内置函数

函　数	参　数	说　明
parseInt()	需要转换为整型的字符串	将字符型转化为整型
parseFloat()	需要转换为浮点型的字符串	将字符型转化为浮点型
eval()	需要计算的字符串	求字符串表达式的值，可用于： • 字符串执行数值计算； • 字符串执行 JS 语句； • 字符串执行表达式计算
isFinite()	需要验证的数字	判断一个数值是否为无穷大
isNaN()	需要验证的数字	判断一个数值是否为 NaN
encodeURI()	需要转化为网络资源地址的字符串	将字符串转化为有效的 URL
decodeURI()	需要解码的网络资源地址	对 decodeURI() 编码的文本进行解码

【知识总结】

（1）事件就是用户与 Web 页面交互时产生的操作，如按下鼠标、移动窗口、选择菜单等。事件驱动就是当事件发生后，会由此而引发一连串程序的执行，这些程序称为事件处理程序。

（2）常用的 JavaScript 事件可以分为鼠标事件、键盘事件、页面相关事件、表单事件等。

（3）调用函数可以使用直接调用、表达式调用和事件调用三种方式实现。

（4）在元素节点上绑定事件的方式：采用 HTML 事件属性触发事件、采用 DOM 分配事件、为元素绑定事件监听。

【思考与练习】

（1）JavaScript 键盘事件包括 _____、_____、_____、_____、_____等。

（2）在元素节点上绑定事件的方式有哪些？请列举具体实例说明。

（3）使用递归函数实现 1~100 的数据累加，并打印最终结果。

4.3　JavaScript 内置对象

4.3.1　Array 对象

JavaScript 中的 Array 对象是指一连串相同或不同类型的数据群组，简称数组。

1. 创建 Array 对象

（1）先声明后赋值主要有三种格式。

数组名称=new Array(数组元素个数)

数组名称=new Array( )

数组名称=[ ]

例如：

```
var fruit=new Array(3)
fruit[0]="apple";
fruit[1]="pear";
fruit[2]="orange";
```

（2）声明的同时赋值方法如下。

数组名称=new Array(元素一,元素二,...)

例如：

```
var fruit=new Array("apple","pear","orange");
```

2. 数组元素的引用

引用数组元素可借助下标来进行定位,数组的下标从 0 开始,到数组的长度结束。

例如：

```
var fruit=new Array("apple","pear","orange");
```

三个元素分别为：fruit[0]、fruit[1]、fruit[2]

3. 数组属性和方法

（1）length 属性：获取数组的长度。

（2）prototype 属性：可以向对象添加属性和方法。在 JavaScript 中是一个全局属性。

例如：扩展 Array 对象的 myUcase 方法,将所有字母变为大写。

```
Array.prototype.myUcase=function()
{
    for (i=0;i<this.length;i++)
    {
        this[i]=this[i].toUpperCase();
    }
}
var fruits=["Banana","Orange","Apple","Mango"];
fruits.myUcase();
```

Array 对象的常用方法如表 4-11 所示。

表 4-11　Array 对象的常用方法

方　法	描　述	方　法	描　述
concat()	连接两个或更多的数组,并返回结果	includes()	判断一个数组是否包含一个指定的值,如果是返回 true,否则返回 false

续表

方　法	描　述	方　法	描　述
indexOf()	返回数组中某个指定的元素位置	lastIndexOf()	返回一个指定的元素在数组中最后出现的位置
join()	用于把数组中的所有元素转换一个字符串	isArray()	判断一个对象是否为数组,是数组返回 true,否则返回 false
pop()	删除数组的最后一个元素并返回删除的元素	push()	向数组的末尾添加一个或多个元素,并返回新的长度
reverse()	反转数组的元素顺序	sort()	对数组的元素进行排序
splice()	从数组中添加或删除元素	shift()	删除并返回数组的第一个元素
unshift()	向数组的开头添加一个或多个元素,并返回新的长度	slice()	从已有的数组中返回选定的元素

Array 对象示例如代码 4-3 所示。

【代码 4-3】　**Array 对象示例**

```
1   //声明数组
2   var fruit=new Array("apple","pear","orange");
3   //引用数组元素
4   console.log(fruit[1]+" 长度："+fruit.length);
5   //常用方法
6   fruit.reverse();                    //倒序
7   //console.log(fruit);
8   fruit.sort();                       //按字母顺序重新排序
9   //console.log(fruit);
10  var fruit1=fruit.join(".");         //以分隔符连接成一个字符串
11  //console.log(fruit1+" : "+typeof(fruit1));
12  fruit.push("banana");               //添加一个元素
13  //console.log(fruit);
14  //fruit.splice(2,1);                //删除第 2 个位置的,第 1 个元素
15  //console.log(fruit);
16  fruit.splice(2,1,"grape");          //删除第 2 个位置的,第 1 个元素,并且用 grape 代替
17  //console.log(fruit);
18  var nums=[1,2,3];
19  var fruit2=fruit.concat(nums);      //连接两个数组合成新数组
20  console.log(fruit2);
```

4.3.2　String 对象

String 对象是包装对象,用来保存字符串常量。

1. String 对象的基本语法

```
var str=new String("string");
```

或者更简单方式:

```
var str="string";
```

2. String 对象属性

(1) length 属性：获取字符串的长度。

(2) prototype 属性：可以向对象添加属性和方法。在 JavaScript 中是一个全局属性。

3. String 对象方法

处理字符串内容的方法如表 4-12 所示，处理字符串显示的方法如表 4-13 所示。

表 4-12　处理字符串内容的方法

方　　法	描　　述
charAt(位置)	获取 String 对象在指定位置的字符
indexOf(要查找的字符串)	获取查找的字符串在 String 对象中首次出现的位置
lastIndexOf(要查找的字符串)	获取要查找的字符串在 String 对象中的最后一次出现的位置
substr(索引值 I[,长度])	从 String 对象的索引值处开始截取 String 对象的所有字符串或截取指定长度的字符串
substring(索引值 I[,索引值 J])	截取由索引值 i 到索引值 j−1 的字符串
split(分隔符)	把 String 对象中的字符串按分隔符拆分成字符串数组
replace(需替代的字符串,新字符串)	用新字符串替换需替代的字符串
toLowerCase()	把 String 对象中的字符串转换成小写字母
toUpperCase()	把 String 对象中的字符串转换成大写字母
toString()	获取 String 对象的字符串值
valueOf()	获取 String 对象的原始值
concat(字串 1,字串 2,...)	将参数中的各字符串与 String 对象中的字符串结合成一个字符串

表 4-13　处理字符串显示的方法

方　　法	描　　述
fontcolor(颜色)	设置 String 对象中字符串的字体颜色
fontsize(大小)	设置 String 对象中字符串的字体大小
bold()	使 String 对象中字符串的字体加粗显示
italics()	设置 String 对象中字符串的字体格式为斜体
big()	设置 String 对象中字符串的字体为大字体
small()	设置 String 对象中字符串的字体为小字体
strike()	设置 String 对象中的字符串显示删除线
sub()	设置 String 对象中的字符串以下标显示
sup()	设置 String 对象中的字符串以上标显示

String 对象示例如代码 4-4 所示。

【代码 4-4】　String 对象示例

```
1  //字符串
2  var str="sdfdfgfghjjj h";
3  //console.log("首次出现: "+str.indexOf("h")+"  最后一次出现: "+str.
   lastIndexOf("h"));
```

```
4  //console.log(str.substr(8,3));//截取长度
5  //console.log(str.substring(8,str.length));
6  var arr=str.split("g");//分隔符
7  //console.log(arr);
8  //console.log(str.replace("h","a"));
9  //console.log(str.replace(/h/g,"a"));
10 console.log(fruit2);
```

4.3.3 Date 对象

Date 对象用来获取日期和时间。

1. 创建 Date 对象的方法

根据传递参数的不同,初始化日期分为以下三种方式。

(1) 不带参数,用于获取系统当前日期和时间。例如:

```
new Date();
```

(2) 参数为日期字符串,格式为"月 日,公元年 时:分:秒",或简写成"月 日,公元年"。例如:

```
new Date("October 1,2021 12:00:00");
new Date("October 1,2021");
```

(3) 参数一律以数值表示,格式为"公元年,月,日,时,分,秒",或简写成"公元年,月,日"。例如:

```
Date(2021,10,1,12,0,0);
new Date(2021,10,1);
```

2. Date 对象方法

Date 对象的常用方法如表 4-14 所示。

表 4-14 Date 对象的常用方法

方　　法	描　　述	方　　法	描　　述
getDate()	返回 Date 对象的日期数 1～31	getHours()	返回 Date 对象的小时数,24 小时制
getDay()	返回 Date 对象的星期数 0～6	getMinutes()	返回 Date 对象的分钟数
getMonth()	返回 Date 对象的月份数 0～11	getSeconds()	返回 Date 对象的秒数
getYear()	返回 Date 对象的年份数(在 2000 年以前返回年份数后两位,2000 年以后返回 4 位)	getTime()	返回自 1970 年 1 月 1 日 00:00:00 以来的毫秒数
getFullYear()	返回以 4 位整数表示的 Date 对象年份数	Date.parse(日期字符串)	返回自 1970 年 1 月 1 日 00:00:00 以来的毫秒数
setYear(年份数)	设置 Date 对象的年份数	setMinutes(分)	设置 Date 对象的分钟数

续表

方　　法	描　　述	方　　法	描　　述
setFullYear(年份数)	设置 Date 对象的年份数	setSeconds(秒)	设置 Date 对象的秒数
setDate(日期数)	设置 Date 对象的当月号数	setMilliSeconds(毫秒)	设置 Date 对象的毫秒数
setMonth(月)	设置 Date 对象的月份数	setTime（总毫秒数）	设置 Date 对象自 1970 年 1 月 1 日 00：00：00 以来的毫秒数
setHours(小时)	设置 Date 对象的小时数	toLocalString()	以本地时区格式显示,并以字符串表示

获取现在的时间并以特定格式输出如代码 4-5 所示。

【代码 4-5】　获取现在的时间并以特定格式输出

```
1  <script type="text/javascript">
2    var today=new Date();
3    var year=today.getYear();
4    var month=today.getMonth()+1;
5    var date=today.getDate();
6    var day=today.getDay();
7    var dayName=new Array("星期日","星期一","星期二","星期三","星期四","星期五","星期六");
8    var hour=today.getHours();
9    var minute=today.getMinutes();
10   var second=today.getSeconds();
11   hour=(hour<10)? "0"+hour:hour;
12   minute=(minute<10)? "0"+minute:minute;
13   second=(second<10)? "0"+second:second;
14   var time=hour+":"+minute+":"+second;
15   document.write("现在时间是"+year+"年"+month+"月"+date+"日"+time+""+dayName[day]);
16  </script>
```

代码 4-5 在 Edge 浏览器中的运行结果如图 4-6 所示。

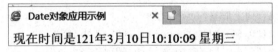

图 4-6　Date 对象应用示例效果

4.3.4　Math 对象

Math 对象包含用来进行数学计算的属性和方法,其属性也就是标准的数学常量,其方法则构成数学函数库。

1. Math 对象的属性

Math 对象的属性如表 4-15 所示。

表 4-15 Math 对象的属性

属性	功 能 描 述	属性	功 能 描 述
E	返回算术常量 e,即自然对数的底数(约等于 2.718)	LOG10E	返回以 10 为底的 e 的对数(约等于 0.434)
LN2	返回 2 的自然对数(约等于 0.693)	PI	返回圆周率(约等于 3.141 59)
LN10	返回 10 的自然对数(约等于 2.302)	SQRT1_2	返回 2 的平方根的倒数(约等于 0.707)
LOG2E	返回以 2 为底的 e 的对数(约等于 1.442 695 040 888 963 4)	SQRT2	返回 2 的平方根(约等于 1.414)

2. Math 对象的方法

Math 对象常用的方法如表 4-16 所示。

表 4-16 Math 对象常用的方法

属　　性	功 能 描 述	属　　性	功 能 描 述
abs(num)	返回 num 的绝对值	sqrt(n)	返回 n 的平方根
ceil(num)	返回大于等于 num 的最小整数	random()	产生 0~1 的随机数
floor(num)	返回小于等于 num 的最小整数	round(num)	返回 num 四舍五入后的整数
max(n1,n2)	返回 n1、n2 中的最大值	exp(num) 和 log(num)	返回以 e 为底的指数和自然对数值
min(n1,n2)	返回 n1、n2 中的最小值	sin(radianVal)、cos(radian Val) 和 tan(radianVal)	分别是返回一个角的正弦、余弦和正切值的三角函数,这些函数的返回值以弧度表示
pow(n1,n2)	返回 n1 的 n2 次方	asin(num)、acos(num) 和 atan(num)	分别是返回一个角的反正弦、反余弦和正切三角函数,这些函数的返回值以弧度表示

Math 对象示例如代码 4-6 所示。

【代码 4-6】 Math 对象示例

```
1  //向上取整
2  document.write("向上取整"+"<br/>")
3  document.write("0.60: "+Math.ceil(0.60)+"<br/>")
4  document.write("0.40: "+Math.ceil(0.40)+"<br />")
5  document.write("5: "+Math.ceil(5)+"<br/>")
6  document.write("5.1: "+Math.ceil(5.1)+"<br/>")
7  document.write("-5.1: "+Math.ceil(-5.1)+"<br/>")
8  document.write("-5.9: "+Math.ceil(-5.9)+"<br/>")
9  //向下取整
10 document.write("向下取整"+"<br/>")
11 document.write("0.60: "+Math.floor(0.60)+"<br/>")
12 document.write("0.40: "+Math.floor(0.40)+"<br/>")
13 document.write("5: "+Math.floor(5)+"<br/>")
```

```
14 document.write("5.1: "+Math.floor(5.1)+"<br/>")
15 document.write("-5.1: "+Math.floor(-5.1)+"<br/>")
16 document.write("-5.9: "+Math.floor(-5.9)+"<br/>")
17 //产生随机数
18 document.write("产生 0~1 随机数: "+Math.random()+"<br/>")
19 //获取 1~10 的随机数
20 document.write("产生 1~10 随机数: "+Math.ceil(Math.random()*10))
```

代码 4-6 在 Edge 浏览器中的运行结果如图 4-7 所示。

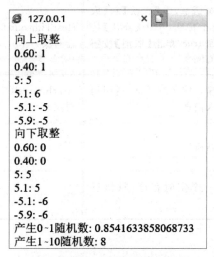

图 4-7 Math 对象应用示例效果

4.3.5 Window 对象

在 JavaScript 中,一个浏览器窗口就是一个 Window 对象。Window 对象主要用来控制由窗口弹出对话框、打开窗口或关闭窗口、控制窗口的大小和位置等。Window 对象就是用来操作"浏览器窗口"的一个对象。Window 对象是全局对象,在同一个窗口中访问其他对象,可以省略"window"字样,如果要跨窗口访问,则必须写上相应窗口的名称。

1. Window 对象属性

Window 对象属性如表 4-17 所示。

表 4-17　Window 对象属性

属性	描　　述	属性	描　　述
document	包含当前文件的信息,也用以显示 HTML 文件,此属性的值是 Document 对象	toolbar	表示浏览器的工具栏
history	包含该窗口最近查阅过的网页 URL	self	表示当前窗口
location	包含当前 URL 的信息	top	表示最上方的窗口
menubar	表示浏览器的菜单栏	parent	包含当前窗口的上一级窗口
scrollbar	表示浏览器的滚动条		

2. Window 对象方法

Window 对象方法如表 4-18 所示。

表 4-18　Window 对象方法

方　　法	描　　述	方　　法	描　　述
alert(警告信息字符串)	警告对话框,用以提示用户注意某些事项	setInterval（执行程序,毫秒）	设置一个定时程序,循环执行
comfirm(确认信息字符串)	确认对话框,有【确认】和【取消】两个按钮,单击【确认】按钮返回 true,单击【取消】按钮返回 false	clearTimeout（定时器对象）	清除以 setTimeout 定义的定时程序
prompt(提示字符串,[默认值])	提示输入信息对话框,返回用户输入信息	clearInterval(定时器对象)	清除以 setInterval 定义的定时程序
open(URL,窗口名称,参数)	打开新窗口	close()	关闭窗口
setTimeout(执行程序,毫秒)	设置一个定时程序,只执行一次		

说明:

(1) 打开新窗口 window.open(URL,窗口名称,参数)。

URL:打开窗口的地址,如果 URL 为空字符串,则浏览器打开一个空白窗口,并且可以使用 document.write()方法动态输出 HTML 文档。

窗口名称:Window 对象的名称,可以是 a 标签或 form 标签中 target 属性值。如果指定的名称是一个已经存在的窗口名称,则返回对该窗口的引用,而不会再新打开一个窗口。

参数:对打开的窗口进行属性设置。

例如:

① 打开一个新窗口。

```
window.open("http://www.tup.tsinghua.edu.cn","","");
```

② 打开一个指定位置的窗口。

```
window.open("http://www.tup.tsinghua.edu.cn","","top=200,left=200");
```

③ 打开一个指定大小的窗口。

```
window.open("http://www.tup.tsinghua.edu.cn","","width=200,height=200");
```

④ 打开一个固定大小的窗口。

```
window. open ( " http://www. tup. tsinghua. edu. cn","","width = 200, height = 200,
resizable");
```

⑤ 打开一个显示滚动条的窗口。

```
window. open ( " http://www. tup. tsinghua. edu. cn","","width = 200, height = 200,
scrollbars");
```

（2）关闭窗口 window.close()。

① 关闭当前窗口。

```
window.close();
```

② 关闭子窗口。

关闭子窗口是指关闭之前使用 window.open()方法动态创建的子窗口。

其基本语法如下。

```
窗口名.close();
```

说明：

使用 window.open()方法动态创建的窗口时，可以将窗口以变量形式保存，然后再使用 close()方法关闭动态创建的窗口。

（3）定时器 setTimeout()和 clearTimeout()。

在 JavaScript 中，可以使用 setTimeout()方法来设置"一次性"调用的函数。其中 clearTimeout()可以用来取消执行 setTimeout()方法。

其基本语法如下。

```
var 变量名 =setTimeout(执行程序,毫秒);
```

说明：

执行程序：可以是一段代码，也可以是一个调用的函数名；

毫秒：表示要过多长时间才执行。

（4）定时器 setInterval()和 clearInterval()。

在 JavaScript 中，可以使用 setInterval()方法来设置"重复性"调用的函数。其中 clearInterval()可以用来取消执行 setTimeout()方法。

其基本语法如下。

```
var 变量名 =setInterval (执行程序,毫秒);
```

说明：

执行程序：可以是一段代码，也可以是一个调用的函数名；

毫秒：表示要过多长时间才执行。

setTimeout()方法与 setInterval()方法的语法很相似，实际上这两者在用法方面区别非常大。其中 setTimeout()方法内的代码只会执行一次，而 setInterval()方法内的代码会重复性执行，除非使用 clearInterval()方法来取消执行。

时间倒计时如代码 4-7 所示。

【代码 4-7】 时间倒计时

```
1  <div id="div">
2  </div>
3  <script type="text/javascript">
```

127

```
 4    cd();
 5    function cd(){
 6          var now=new Date();
 7          var endTime=new Date('2024/01/01 00:00:00');
 8          var t=endTime.getTime()-now.getTime();
 9          if(t==0||t<0){
10                  document.getElementById('div').innerHTML='新年快乐!';
11                  return;
12          }
13            var d=Math.floor(t/1000/60/60/24);
14            var h=Math.floor(t/1000/60/60%24);
15            var m=Math.floor(t/1000/60%60);
16            var s=Math.floor(t/1000%60);
17            var ms=Math.floor(t%1000);
18            document.getElementById('div').innerHTML='距离 2024 年还有'+d+'天'
19    +h+'时'+m+'分钟'+s+'秒'+ms+'毫秒';
20            setTimeout('cd()',1);
21    }
22    </script>
```

代码 4-7 在浏览器的效果如图 4-8 所示。

距离2024年还有45天13时51分钟59秒803毫秒

图 4-8　时间倒计时效果

4.3.6　Document 对象

Document 对象表示当前的 HTML 文档,可用来访问页面中的所有元素,Document 对象是 Window 对象中的子对象。

1. Document 对象属性

Document 对象属性如表 4-19 所示。

表 4-19　Document 对象属性

属　性	功 能 描 述	属　性	功 能 描 述
bgColor	表示文件的底色,相当于<body>标记中的 bgcolor 属性	anchors	代表文件中的所有定位锚点,以数组索引值表示
fgColor	表示文件的前景色,相当于<body>标记中的 text 属性	forms	代表文件中的所有表单,以数组索引值表示
linkColor	用于设置文件中的默认状态下的链接文本颜色	images	代表文件中的所有 image,以数组索引值表示
alinkColor	用于设置文件中的激活状态下的链接文本颜色	title	用于设置文件的标题
vlinkColor	用于设置文件中的访问过后的链接文本颜色		

2. Document 对象方法

Document 对象方法如表 4-20 所示。

表 4-20　Document 对象方法

方　　法	功 能 描 述	方　　法	功 能 描 述
write(字符串)	将字符串或数值显示在窗口上	getElementsByTagName()	返回带有指定标签名的对象集合
createElement()	创建一个 HTML 标记	close()	关闭文档的输出流
getElementById()	返回对拥有指定 ID 的第一个对象的引用	open()	打开一个文档输出流,并接收 write() 的创建页面内容
getElementsByName()	返回带有指定名称的对象集合		

【知识总结】

(1) JavaScript 中的 Array 对象是指一连串相同或不同类型的数据群组,简称数组。

(2) 创建 Array 对象可以通过 var arr＝new Array() 或者 var arr＝[] 来实现。

(3) String 对象是包装对象,用来保存字符串常量。其中 substr() 方法是从 String 对象的索引值处开始截取 String 对象的所有字符串或截取指定长度的字符串。

(4) Date 对象用来获取日期和时间。其中 getDay() 方法是返回 Date 对象的星期数 0～6,注意是从 0 开始的。

(5) Math 对象包含用来进行数学计算的属性和方法,其属性也就是标准的数学常量,其方法则构成数学函数库。

(6) Window 对象是浏览器窗口对象。

(7) Document 对象是文档对象,是 Window 对象的子对象,可用来访问页面中的所有元素。

【思考与练习】

(1) Array 对象的方法包括＿＿＿＿＿＿、＿＿＿＿＿＿、＿＿＿＿＿＿、＿＿＿＿＿＿、＿＿＿＿＿＿等。

(2) String 对象的方法包括＿＿＿＿＿＿、＿＿＿＿＿＿、＿＿＿＿＿＿、＿＿＿＿＿＿、＿＿＿＿＿＿等。

(3) Date 对象的方法包括＿＿＿＿＿＿、＿＿＿＿＿＿、＿＿＿＿＿＿、＿＿＿＿＿＿、＿＿＿＿＿＿等。

4.4 JavaScript 性能优化和安全防护

4.4.1 JavaScript 性能优化

性能是创建网页或应用程序时最重要的一个方面。没有人想要应用程序崩溃、网页无法加载,或者用户的等待时间过长的情况出现。根据调查,47%的访问者希望网站在不到2s 的时间内加载,如果加载过程需要 3s 以上,则有 40%的访问者会离开网站。考虑到以上这些数字,在创建 Web 应用程序时应始终考虑性能。

1. 浏览器 UI 进程

所谓浏览器 UI 进程是指:用来执行 JavaScript 和更新用户界面的进程。

UI 线程是基于一个简单的队列系统的,所有的任务(UI 更新、执行 JavaScript)都会被放到任务队列中,任务会被保存到队列中直到进程空闲,一旦空闲,队列中的下一个任务就会被重新提取出来运行。包括页面产生的所有操作,比如,读取、解析资源、渲染页面、重绘、执行 js 等,这些任务全部都会在队列里排队执行。当 UI 线程处于执行任务期间,如果用户在这个时候与之交互,会出现 UI 没有即时更新的情况,更有可能出现 UI 的更新任务不会被创建的情况,在平时看来就是单击按钮后没反应,甚至连按钮都没一点反馈变化,这种时候就是 UI 线程处于繁忙状态。出现这种情况的时候很可能是因为 js 运行时间过长,现在的浏览器有些会有限制运行时间,超过时间会弹出提示框。

2. 增强 JavaScript 性能

1) 优化页面加载时间

(1) HTML 标签顺序。

当浏览器 UI 进程渲染到<script>标签时,会停止对 HTML 标签的渲染,所以一般将<script>标签挪至 HTML 的</body>标签前,可提升页面的可感知响应能力。

(2) 压缩文件。

过多的 JS 代码,可用网上的压缩工具进行压缩,项目部署后最好将较大的 js 文件压缩一下。

2) 优化文档对象操作

(1) 实现对页面元素的最小化访问。

① 以变量保存对 DOM 元素的引用,以便后续使用。

② 通过对单独父元素的引用来访问其子元素。

尽量不要直接获取对整个页面的引用并使用它,因为所需的内存占用是页面的整个DOM 树,再加上 JS 需深入该树查找需要访问的元素,所花费的时间就多了,很影响性能。

③ 对新建元素实施 DOM 修改操作后才将其添加到实时页面。

```
//对新建元素实施 DOM 修改完操作后才将其添加到实时页面
var div =document.getElementById("div");
var divChild =document.createElement("div");
divChild.style.width =400+"px";          //浏览器重排
divChild.style.height =400+"px";          //浏览器重排
```

```
divChild.style.backgroundColor = "red";    //浏览器重排
divChild.textContent = "这是测试 div";
div.appendChild(divChild);
```

（2）尽量利用已有元素。

可以用 cloneNode() 替代 createElement() 来建立已有元素。

（3）使用 CSS 而非 JavaScript 来操控页面样式。

① 使用 JS 的 style 属性修改页面 CSS 样式，引起浏览器重排。

```
divChild.style.width = 400+"px";            //浏览器重排
divChild.style.height = 400+"px";           //浏览器重排
divChild.style.backgroundColor = "red";     //浏览器重排
```

② 使用 CSS 类来减少浏览器重排。

```
divChild.className = "divChild";
```

③ 先隐藏元素，再显示元素来减少浏览器重排。

```
divChild.style.display = "none";            //浏览器重排
divChild.style.width = 400+"px";            //浏览器不会重排
divChild.style.height = 400+"px";           //浏览器不会重排
divChild.style.backgroundColor = "red";     //浏览器不会重排
divChild.style.display = "block";           //浏览器重排
```

3）提升函数性能

（1）使用记忆功能保存先前函数的返回结果。

在原来的函数增加记忆功能如代码 4-8 所示。

【代码 4-8】 在原来的函数增加记忆功能

```
1  <script type="text/javascript">
2        var startTime,endTime,duration;
3        //用于计算累加结果的函数
4        function getFactorial1(num){
5        var result =1;
6        for(i=1;i<=num;i++){result +=i;}
7        return result;
8        }
9        //增加记忆功能
10       function getFactorial2(num){
11          var result=1;
12          if(! getFactorial2.storage){
13             getFactorial2.storage ={};
14          }else if(getFactorial2.storage[num]){
15             return getFactorial2.storage[num];
16          }
17          for(i=1;i<=num;i++){result +=i;}
18          getFactorial2.storage[num]=result;
19          return result;
```

```
20          }
21      setInterval(function(){
22          startTime =new Date();
23          var result =getFactorial1(10000000);
24          endTime =new Date();
25          duration =endTime.getTime() - startTime.getTime();
26          console.log("程序执行的毫秒数: "+duration+"  程序结果:"+result);
27      },2000)
28  </script>
```

getFactorial1(10000000)函数每次执行需要 20 毫秒左右,如图 4-9 所示。

程序执行的毫秒数:	18	程序结果:	50000005000001
程序执行的毫秒数:	35	程序结果:	50000005000001
程序执行的毫秒数:	19	程序结果:	50000005000001
程序执行的毫秒数:	28	程序结果:	50000005000001

图 4-9　getFactorial1(10000000)函数执行结果

getFactorial2(10000000)函数执行第一次执行需要 20 毫秒左右,后面都是 0 毫秒,如图 4-10 所示。

| 程序执行的毫秒数: | 29 | 程序结果: | 50000005000001 |
| ❸ 程序执行的毫秒数: | 0 | 程序结果: | 50000005000001 |

图 4-10　getFactorial2(10000000)函数执行结果

（2）增加一个记忆函数。

记忆功能技术有着显著的效果,可以大幅度地提升复杂函数的性能,然而应用不广,因为需要改原函数。现在可以单独引入一个记忆函数来对复杂函数进行优化,较多应用于密集型的计算函数,如代码 4-9 所示。

【代码 4-9】 增加一个记忆函数

```
1   <script type= "text/javascript">
2       var startTime,endTime,duration;
3       //用于计算累加结果的函数
4       function getFactorial1(num){
5           var result =1;
6           for(i=1;i<=num;i++){result +=i;}
7           return result;
8       }
9       //增加记忆函数功能
10      function memoize(fn){
11          return function(){
12              var propertyName;
13              fn.storage = fn.storage || {};
14              //将 fn 传入的参数设置到 propertyName 变量
15              propertyName =Array.prototype.join.call(arguments,"|");
```

```
16                    if(propertyName in fn.storage){
17                        return fn.storage[propertyName];
18                    }else{
19                        fn.storage[propertyName] = fn.apply(this,arguments);
20                        return fn.storage[propertyName];}}}
21        var getFactorialMemoized = memoize(getFactorial1);
22        setInterval(function(){
23            startTime = new Date();
24            var result = getFactorialMemoized(10000000);
25            endTime = new Date();
26            duration = endTime.getTime() - startTime.getTime();
27            console.log("程序执行的毫秒数:  "+duration+"  程序结果:"+result);
28        },2000)
29  </script>
```

getFactorial1(10000000)函数每次执行需要 20 毫秒左右,如图 4-11 所示。

图 4-11　getFactorial1(10000000)函数执行结果

getFactorialMemoized(10000000)函数执行第一次执行需要 20 毫秒左右,后面都是 0 毫秒,如图 4-12 所示。

图 4-12　getFactorialMemoized(10000000)函数执行结果

4) 更快速地使用数组

(1) 快速创建数组。

```
var myArray = new Array();    //慢,因为还要取得 Array 类的构造函数
var myArray = [];             //更快
```

(2) 快速进行数组循环。

避免重复计算 myArray.length 的值,灵活使用 continue 和 break 来对循环进行管理,对大量数据进行的最快速的迭代方式是反向 while 循环。

4.4.2　JavaScript 安全防护

1. XSS 跨站脚本攻击

XSS(Cross Site Scripting)跨站脚本攻击是一种允许攻击者在另外一个用户的浏览器中执行恶意代码脚本的脚本注入式攻击。本来缩写应该是 CSS,但为了和层叠样式(CSS)有所区分,故称 XSS。对于攻击者来说,能够让受害者浏览器执行恶意代码的唯一方式,就

是把代码注入受害者从网站下载的网页中。XSS 可分为以下两类。

1）持久型

这种攻击危害性很大，因为攻击的代码会被服务端写入进数据库中，如果网站访问量很大的话，就会导致大量正常访问页面的用户都受到攻击。

例如，对于评论功能来说，就得防范持久型 XSS 攻击，因为可以在评论中输入以下内容：

评论：`<script>alert(1)</script>`

这种情况如果前后端没有做好防御的话，这段评论就会被存储到数据库中，这样每个打开该页面的用户都会被攻击到。

2）非持久型

相比于前者危害就小得多了，一般通过修改 URL 参数的方式加入攻击代码，诱导用户访问链接从而进行攻击。如果页面需要从 URL 中获取某些参数作为内容的话，不经过过滤就会导致攻击代码被执行。

```
http://www.domain.com? name=<script>alert(1)</script>
<div>{{name}}</div>
```

但是对于这种攻击方式来说，如果用户使用 Chrome 这类浏览器的话，浏览器就能自动帮助用户防御攻击。但是不能因此就不防御此类攻击了，因为不能确保用户都使用了该类浏览器。

对于 XSS 攻击来说，通常有两种方式可以用来防御。

（1）转义字符。

对于用户的输入应该是永远不信任的，最普遍的做法就是转义输入、输出的内容。对于引号、尖括号、斜杠等进行转义：

```
function escape(str){
    str =str.replace(/&/g, '&amp;')
    str =str.replace(/</g, '&lt;')
    str =str.replace(/>/g, '&gt;')
    str =str.replace(/"/g, '&quto;')
    str =str.replace(/'/g, '&#39;')
    str =str.replace(/`/g, '&#96;')
    str =str.replace(/\//g, '&#x2F;')
    return str
}
```

通过转义可以将攻击代码 alert(1) 变成：

```
//&lt;script&gt;alert(1)&lt;&#x2F;script&gt;
  escape('<script> alert(1)</script>')
```

（2）CSP 建立白名单。

开发者明确告诉浏览器哪些外部资源可以加载和执行。只需要配置规则，如何拦截是由浏览器自己实现的。可以通过这种方式来尽量减少 XSS 攻击。

通过两种方式来开启 CSP：设置 HTTP Header 中的 Content-Security-Policy 和设置 meta 标签的方式。

例如，设置 HTTP Header。

① 只允许加载本站资源：

```
Content-Security-Policy: default-src'self'
```

② 只允许加载 HTTPS 协议图片：

```
Content-Security-Policy: img-src https://*
```

③ 允许加载任何来源框架：

```
Content-Security-Policy: child-src 'none'
```

2. CSRF 跨站请求伪造

攻击者构造出一个后端请求地址，诱导用户单击或者通过某些途径自动发起请求。如果用户是在登录状态下的话，后端就以为是用户在操作，从而进行相应的逻辑。例如，网站中有一个通过 GET 请求提交用户评论的接口，那么攻击者就可以在钓鱼网站中加入一张图片，图片的地址就是评论接口。

```
<img src="http://www.domain.com/xxx? comment='attack'"/>
```

而使用 POST 方式提交请求也不是百分百安全的，攻击者同样可以诱导用户进入某个页面，在页面中通过表单提交 POST 请求。

防范 CSRF 攻击可以遵循的规则：Get 请求不对数据进行修改；不让第三方网站访问到用户 Cookie；阻止第三方网站请求接口；请求时附带验证信息，如验证码或者 Token。

SameSite：可以对 Cookie 设置 SameSite 属性。该属性表示 Cookie 不随着跨域请求发送，可以很大程度减少 CSRF 的攻击，但是该属性目前并不是所有浏览器都兼容。

验证 Referer：对于需要防范 CSRF 的请求，可以通过验证 Referer 来判断该请求是否为第三方网站发起的。

Token：服务器下发一个随机 Token，每次发起请求时将 Token 携带上，服务器验证 Token 是否有效。

4.4.3 JavaScript 综合实例

1. 左右滚动图片

使用 JavaScript 相关技术完成如图 4-13 所示的左右滚动图片效果。

图 4-13 左右滚动图片

左右滚动图片实现如代码 4-10 所示。

【代码 4-10】 左右滚动图片实现

```
1   <! DOCTYPE html>
2   <html>
3     <head>
4     <meta charset="UTF-8">
5     <title></title>
6     <style type="text/css">
7     #slide{width:800px;height: 100px;margin: 0 auto;
8     margin-top: 50px;border: 1px solid black;overflow: hidden;}
9     #content{width: 999999px;}
10      img {width: 160px; height: 100px; float: left; margin-right: 10px; cursor:
          pointer;}
11    #button{width: 100px;margin: 20px auto;}
12    </style>
13    </head>
14  <body>
15      <h1 align="center"> 左右滚动图片</h1>
16      <div id="slide">
17         <div id="content">
18          <img src="img/1.png"/><img src="img/2.png"/><img src="img/3.png"/>
19      <img src="img/4.png"/><img src="img/5.png"/><img src="img/6.png"/>
20      <img src="img/7.png"/><img src="img/8.png"/><img src="img/9.png"/>
21         </div>
22      </div>
23    <div id="button">
24         <button type="button" id="left"> 向左</button>
25         <button type="button" id="right"> 向右</button>
26    </div>
27    <script type="text/javascript">
28        var content =document.getElementById("content");
29        var left =document.getElementById("left");
30        var right =document.getElementById("right");
31        content.style.marginLeft =0+"px";
32        content.innerHTML =content.innerHTML+ content.innerHTML+ content.
          innerHTML;
33        var key ="run";
34        var dkey ="left";
35        left.onclick =function(){dkey ="left";}
36        right.onclick =function(){dkey ="right";}
37        content.onmouseenter =function(){key ="stop";}
38        content.onmouseleave =function(){key ="run";}
39        dd();
40        function dd(){
41            var num =parseFloat(content.style.marginLeft);
42            if(key =="run"){
43                if(dkey =="left"){
44                    num-=0.5;
```

```
45              if(num< =-170* 9){
46                  num=0;
47              }
48          }else{
49              num+=0.5;
50              if(num>=0){
51                  num=-170* 9;
52              }}}content.style.marginLeft =num+ "px";
53          setTimeout("dd()",13);}
54      </script>
55  </body>
56  </html>
```

2. 九九乘法表

使用 JavaScript 完成如图 4-14 所示的九九乘法表效果。

9*1=9	9*2=18	9*3=27	9*4=36	9*5=45	9*6=54	9*7=63	9*8=72	9*9=81
8*1=8	8*2=16	8*3=24	8*4=32	8*5=40	8*6=48	8*7=56	8*8=64	
7*1=7	7*2=14	7*3=21	7*4=28	7*5=35	7*6=42	7*7=49		
6*1=6	6*2=12	6*3=18	6*4=24	6*5=30	6*6=36			
5*1=5	5*2=10	5*3=15	5*4=20	5*5=25				
4*1=4	4*2=8	4*3=12	4*4=16					
3*1=3	3*2=6	3*3=9						
2*1=2	2*2=4							
1*1=1								

图 4-14 九九乘法表

九九乘法表实现如代码 4-11 所示。

【代码 4-11】 九九乘法表实现

```
1   <! DOCTYPE html>
2   <html>
3     <head>
4     <meta charset="UTF-8">
5     <title></title>
6     <style type="text/css">
7         table{border-collapse: collapse;}
8         td{background-color: yellow;}
9     </style>
10    </head>
11  <body>
12      <script type="text/javascript">
13          document.write("<table border='1'>");
14          for(var i=9;i> 0;i--){
15              document.write("< tr>");
16              for(var j=1;j<=i;j++){
17                  document.write("<td> "+i+"*"+j+"="+i*j+"</td>");
18              }document.write("</tr>");}
19          document.write("</table>");
```

```
20      </script>
21    </body>
22    </html>
```

4.5　思政案例 4　中国国家博物馆 VR 展馆——复兴之路

本例以中国国家博物馆主办的云展览"复兴之路"为主题。以"复兴之路",歌颂中华民族传统美德之下的复兴之梦。引领使命担当,厚植家国情怀。用相关技术,来增加叙事的互动性。

复兴之路登录方法

实现中华民族伟大复兴是近代以来中国人民最伟大的梦想,贯穿党的百年奋斗的鲜明主题。

2022 年 10 月,党的二十大立足新时代新征程的历史方位,深刻分析我国发展面临的形势和挑战,全面部署未来 5 年乃至更长时期党和国家事业发展的目标任务和大政方针,号召全党全军全国各族人民为全面推进中华民族伟大复兴而团结奋斗。

【知识总结】

(1) JavaScript 性能优化可以通过优化页面加载时间、优化文档对象操作、提升函数性能、更快速地使用数组等方式来实现。

(2) XSS 跨站脚本攻击可以通过转义字符、CSP 建立白名单等来防御。

(3) 防范 CSRF 攻击可以遵循以下几个规则:Get 请求不对数据进行修改;不让第三方网站访问到用户 Cookie;阻止第三方网站请求接口;请求时附带验证信息,比如,验证码或者 Token。

【思考与练习】

(1) 请用自己的话来解释下浏览器 UI 进程。

(2) 优化页面加载时间可以通过什么方式实现?

(3) 请使用程序编写 1～1000 的奇数累加,并使用记忆函数进行优化?

第 3 篇

Web 前端技术进阶篇

➢ **jQuery 应用**

第5章 jQuery 应用

项目引入

jQuery 是 JavaScript 中使用最广泛的一个库。全世界有 80%～90% 的网站直接或间接地使用了 jQuery。鉴于它如此流行，又如此好用，所以每一个入门 JavaScript 的前端工程师都应该了解和学习它。jQuery 的理念为"Write Less，Do More"，让你写更少的代码，完成更多的工作。

学习目标

➢ 掌握 jQuery 的基本原理。
➢ 掌握 jQuery 的基础语法。
➢ 掌握使用 jQuery 制作网页特效。

思政素养

实施科技强国战略。学习先进技术，攻克技术壁垒，突破技术封锁。

5.1 jQuery 基础

5.1.1 jQuery 简介

jQuery 是一个快速、简洁的 JavaScript 框架，是继 Prototype 之后又一个优秀的 JavaScript 代码库（或 JavaScript 框架）。jQuery 设计的宗旨是"write Less，Do More"，即倡导写更少的代码，做更多的事情。它封装 JavaScript 常用的功能代码，提供一种简便的 JavaScript 设计模式，优化 HTML 文档操作、事件处理、动画设计和 AJAX 交互。

jQuery 的核心特性可以总结为：具有独特的链式语法和短小清晰的多功能接口；具有高效灵活的 CSS 选择器，并且可对 CSS 选择器进行扩展；拥有便捷的插件扩展机制和丰富的插件。jQuery 兼容各种主流浏览器，如 Edge 6.0＋、FF 1.5＋、Safari 2.0＋、Opera 9.0＋等。

软件开发领域有句经典的话叫"不要重新发明轮子"，如图 5-1 所示。这句话的意思是：轮子的形态特点是固定的，另外再发明一个椭圆、方形的轮子能用但是不好用，在版权和许可允许的情况下可以使用别人的代码，也不能生搬硬套，要根据需要重新设计。

jQuery 的优点如下。

(1) 简化开发人员的工作，加快了开发进程。实现同一个动效，使用 jQuery 的代码量比使用 JavaScript 减少了 60%。

图 5-1 "不要重新发明轮子"

（2）不用再花大把的时间在浏览器兼容性问题上。

（3）代码优美，可读性强。

（4）做出来的动画效果好。

（5）并且开源免费。

jQuery 库为 Web 脚本编程提供了通用（跨浏览器）的抽象层，使得它几乎适用于任何脚本编程的情形。jQuery 通常能提供以下功能。

（1）方便快捷地获取 DOM 元素。如果使用纯 JavaScript 的方式来遍历 DOM 以及查找 DOM 的某个部分，需要编写很多冗余的代码，而使用 jQuery 只需要一行代码就足够了。

（2）动态修改 CSS 样式。使用 jQuery 可以动态修改页面的 CSS，即使在页面呈现以后 jQuery 仍然能够改变文档中某个部分的类或者个别的样式属性。

（3）动态改变 DOM 内容。使用 jQuery 可以很容易地对页面 DOM 进行修改。

（4）响应用户的交互操作。jQuery 提供了截获形形色色的页面事件（如用户单击某个链接）的适当方式，而不需要使用事件处理程序拆散 HTML 代码。此外，它的事件处理 API 也消除了经常困扰 Web 开发人员浏览器兼容性问题。

（5）为页面添加动态效果。jQuery 中内置的一批淡入、淡出、擦除等动态效果。

（6）jQuery AJAX 操作。＄.ajax()方法用于执行 AJAX（异步 HTTP）请求。

所有的 jQuery AJAX 方法都使用 ajax()方法。该方法通常用于其他方法不能完成的请求。

5.1.2 jQuery 选择器

jQuery 选择器允许对一组 HTML 元素或单个元素进行操作。

jQuery 选择器基于元素的 id、类、类型、属性、属性值等查找（或选择）HTML 元素。它基于已经存在的 CSS 选择器，除此之外，它还有一些自定义的选择器。

jQuery 中所有选择器都以美元符号开头 ＄()。

据说由于 jQuery 之父 John Resig 本身就欣赏 CSS 选择器的设计原理，所以 jQuery 天生就兼容 CSS 样式，范围从 CSS1 到 CSS3。

1. 常用的 jQuery 选择器

常用的 jQuery 选择器如表 5-1 所示。

表 5-1 jQuery 选择器

选 择 器	选 取 内 容	举 例
*	所有元素	＄("*")
element	标签选择器	＄("p") 选取所有\<p\>元素

续表

选 择 器	选 取 内 容	举 例
#id	id 选择器。拥有指定 id 值的元素	$("#test") 选取 id="test" 的元素
.class	类选择器。拥有指定 class 值的元素	$(".div") 选取 class 值为"div"的所有元素
el1,el2,el3	并集选择器。用逗号表示合并关系	$("h1,div,p") 选取所有的 h1、div 和 p 元素
parent descendant	后代选择器。用空格分割表示包含（嵌套）关系	$("div p") 选取 div 元素的子元素中所有的 p 元素
parent >child	子元素选择器。选取指定元素的直接后代,用大于号分隔表示直接包含关系	$("div>p") 选取 div 元素的直接后代中的 p 元素
element +next	相邻兄弟选择器。选取紧接在指定元素之后的元素,且二者有相同父元素,用加号分隔表示相邻兄弟关系	$("div +p") 选取紧跟在 div 之后的 p 元素
element ~ siblings	选取指定元素 "element" 同级的所有 siblings 元素	$("div ~ p") 选取与 <div>元素同级的所有 <p>元素
element.class element#id	选取指定标签元素,并具有指定 class 类或者 id 的元素	$("p.intro") 选取 class 值为 intro 的 p 元素 $("div#content") 选取 id 值为 content 的 div 元素

2. 常用属性选择器

常用属性选择器如表 5-2 所示。

表 5-2　属性选择器

选 择 器	选 取 内 容	举 例
[attribute]	选取拥有指定属性的元素	$("[href]") 所有带有 href 属性的元素
[attribute=value]	拥有指定属性,并且值为指定值的元素	$("[href='default.htm']") 所有带有 href 属性且值等于 "default.htm" 的元素
[attribute! =value]	拥有指定属性,并且值不为指定值的元素	$("[href='default.htm']") 所有带有 href 属性且值不等于 "default.htm" 的元素
[attribute $ =value]	拥有指定属性,并且值是以指定值结尾的元素	$("[href $ ='.jpg']") 所有带有 href 属性且值以 ".jpg" 结尾的元素
[attribute^=value]	拥有指定属性,并且值是以指定值开始的元素	$("[title^='hello']") 所有带有 title 属性且值以 "hello" 开始的元素
[attribute * =value]	拥有指定属性,并且值包含指定值的元素	$("[title * ='hello']") 所有带有 title 属性且值包含字符串 "hello" 的元素

3.常用筛选选择器

常用筛选选择器如表 5-3 所示。

表 5-3　筛选选择器

选择器	选 取 内 容	举　　　例
:first	选取指定元素的第一个元素	$("p:first")　第一个 <p>元素
:last	选取指定元素的最后一个元素	$("p:last")　最后一个 <p>元素
:even	选取指定元素的下标为偶数的元素	$("tr:even")　所有偶数 <tr>元素,索引值从 0 开始,第一个元素是偶数 (0),第二个元素是奇数 (1),以此类推
:odd	选取指定元素的下标为奇数的元素	$("tr:odd")　所有奇数 <tr>元素,索引值从 0 开始,第一个元素是偶数 (0),第二个元素是奇数 (1),以此类推
:eq(index)	选取指定元素的下标为 index 的元素	$("ul li:eq(3)")　列表中的第四个元素(index 值从 0 开始)

4.内容过滤选择器

根据元素中的内容或包含子元素的特点获取元素。

(1) content(text):获取包含给定文本的元素。

(2) empty:获取所有不包含子元素或不包含文本的空元素。

(3) has(selector):获取含有选择器 selector 的元素。

(4) parent:获取含有子元素或文本的元素。

5.可见性过滤选择器

根据元素是否可见来获取元素。

(1) visible:获取所有可见元素。

(2) hidden:获取所有不可见元素。

6.子元素过滤选择器

常用于获取父元素中指定的某些元素,主要用于选取大量数据和表格中的某些元素。

(1) eth-child(eq | even | odd | index):获取父元素下特定位置的元素,索引值从 1 开始。

(2) first-child:获取父元素下的第一个元素。

(3) last-child:获取父元素下的最后一个元素。

(4) only-child:获取每个父元素下仅有一个子元素的类别。

7.表单过滤选择器

通过表单中对象的属性获取某些元素。

(1) enabled:获取表单中所有属性为可用的元素。

(2) disabled:获取表单中所有属性为不可用的元素。

(3) checked:获取表单中所有被选中的元素。

5.1.3　jQuery 文档处理

jQuery 文档处理包括如下几个方面。

1. 内部插入

（1）append()：向每个匹配的元素内部追加内容。

```
$("#nav").append("<li> 童装</li>");
```

（2）appendTo()：把所有匹配的元素追加到另一个指定的元素集合中。

```
<p> 我是 p 标签</p>
    <div></div>
    <div></div>
$("p").appendTo("div")
```

（3）prepend()：向每个匹配的元素内部前置内容。

```
$("#nav").prepend("<li> 女裙</li>");
```

（4）prependTo()：把所有匹配的元素前置到另一个指定的元素集合中。

```
<p> I would like to say:</p><div id="foo"></div>
$("p").prependTo("#foo");
```

2. 外部插入

（1）after()：在每个匹配的元素之后插入内容。

```
$("#nav").after("<li> 休闲装</li>");
```

（2）insertAfter()：把所有匹配的元素插入另一个指定的元素集合的后面。

```
<p> I would like to say:</p><div id="foo">Hello</div>
$("p").insertAfter("#foo");
```

（3）before()：在每个匹配的元素之前插入内容。

```
$("#nav").before("<li> 运动装</li>");
```

（4）insertBefore()：把所有匹配的元素插入另一个指定的元素集合的前面。

```
<div id="foo">Hello</div><p> I would like to say:</p>
$("p").insertBefore("#foo");
```

3. 包裹

（1）wrap()：把所有匹配的元素用其他元素的结构化标记包裹起来。

```
$("p").wrap("<div class='wrap'></div>");
```

（2）unwrap()：取消包裹。

```
$("p").unwrap();
```

（3）wrapAll()：将所有匹配的元素用单个元素包裹起来。

```
$("p").wrapAll("<div></div>");
```

4. 替换

（1）replaceWith()：将所有匹配的元素替换成指定的 HTML 或 DOM 元素。

```
$("p").replaceWith("<b> 测试</b>");
```

（2）replaceAll()：用匹配的元素替换掉所有 selector 匹配到的元素。

```
$("<b> 测试</b>").replaceAll("p");
```

5. 删除

（1）empty()：删除匹配的元素集合中所有的子节点。

```
$("p").empty();
```

（2）remove()：从 DOM 中删除所有匹配的元素。

```
$("p").remove();
```

5.1.4　jQuery 事件

1. 页面加载响应事件

　　$(document).ready()方法，获取文档就绪时。能极大地提高 Web 反应速度。虽然该方法可以代替传统的 window.onload()方法，但是两者之间仍然有差别。

　　（1）在页面中可以无限制次数使用 $(document).ready()方法，各个方法之间不会冲突，并且会按照代码的顺序依次执行。但是一个页面中只能使用一个 window.onload()方法。

　　（2）在一个文档完全下载到浏览器时（包括有关联的文件、图片等），就会执行 window.onload()方法。而 $(document).ready()方法是在所有的 DOM 元素完全就绪后才可以使用，不包括关联的文件。比如，页面上还有图片没有加载完成，但是 DOM 元素已经准备就绪，$(document).ready()方法就能执行，在相同条件下，window.onload()方法是不会执行的，它会等待图片加载，直到图片都下载完毕后才会执行。所以，$(document).ready()方法优于 window.onload()方法。

2. jQuery 中的事件

　　常用的 jQuery 事件方法如表 5-4 所示。

表 5-4　jQuery 常用事件

鼠标事件	键盘事件	表单事件	文档/窗口事件
.click()	.keydown()	.blur()	.load()/.unload()
鼠标单击事件	键被按下的过程	失去焦点事件	.load()/.unload()方法都在 jQuery 版本 1.8 中已废弃
.dblclick()	.keypress()	.focus()	.ready()
鼠标双击事件	键被按下	得到焦点事件	当 DOM 加载完毕且页面完全加载（包括图像）时发生 ready 事件
.mouseover()	.keyup()	.change()	.scroll()
鼠标悬停事件	某个键盘按键被松开	表单元素的内容改变	当用户滚动指定的元素时，会发生 scroll 事件
.mouseout()		.submit()	.resize()

续表

鼠标事件	键盘事件	表单事件	文档/窗口事件
鼠标移出事件		表单提交事件	当调整浏览器窗口大小时,发生 resize 事件

jQuery 合成事件方法	
.hover()	它可以接受两个函数,鼠标指针进入元素时执行第一个函数;鼠标指针离开元素时执行第二个函数

例如,横向导航菜单栏,使用的就是 mouseover 与 mouseout 事件,JS 核心代码块如下。

```
//通过 mouserover 事件让其他子菜单隐藏,并且显示本菜单
$(document).ready(function(){
    //先通过类选择器找到大的 div
    $(".menubar").mouseover(function(){
        //在该 div 下面找到小的菜单,也就是.menu
        $(this).find(".menu").show();
    });
    $(".menubar").mouseout(function(){
        $(this).find(".menu").hide();
    });
})
```

在样式表中,首先将.menu 类设置为隐藏,也就是.menu{display:none}。

3. 事件绑定

在页面加载完毕时,通过为元素绑定事件完成相应的操作。

1) 绑定事件——on(type,[data],fn)

type 为事件类型,比如,单击、鼠标移入等;data 是可选项,作为 event.data 属性值传递给时间对象的额外数据对象,多数情况下不使用;fn 为绑定的事件处理程序。

例如,单击按钮,弹出提示对话框,就是利用绑定事件实现。JS 核心代码如下,注意事件 type 是"click",而不是"onclick"。

```
$("input:button").on("click",function(){alert("您单击了按钮。")});
```

2) 绑定事件——bind(type,[data],fn)

type 为事件类型,比如,单击、鼠标移入等;data 是可选项,作为 event.data 属性值传递给时间对象的额外数据对象,多数情况下不使用;fn 为绑定的事件处理程序。

```
$("input:button").bind("click",function(){alert("您单击了按钮。")});
```

3) 移除绑定——unbind([type],[data])

```
$("input:button").unbind("click");
```

4) 绑定一次性事件处理——one(type,[data],fn)

```
$("input:button").one("click",function(){alert("只绑定一次事件")});
```

5) 移除绑定——off([type],[data])

```
$("input:button").off("click");
```

4. 事件对象

由于 IE-DOM 和标准的 DOM 实现事件对象的方法各不相同,导致在不同的浏览器中获取事件对象变得比较困难。jQuery 提供了统一的接口可以实现在任何浏览器中都能轻松地获取事件对象。

若要在代码中调用该事件对象,只需为 function 函数添加一个参数,代码如下。

```
$(selector).one('click',function(event){   //event 为事件对象。对象名可以自定义
  alert(event.type);                       //event.type 可以获取到事件的类型
});
```

常见事件对象的属性如下。

event.target:返回哪个 DOM 元素触发事件。

event.relatedTarget:返回当鼠标移动时哪个元素进入或退出。mouseover 和 mouseout 事件对象可以使用该属性。

event.pageX:返回鼠标指针的位置,相对于文档的左边缘。

event.pageY:返回鼠标指针的位置,相对于文档的上边缘。

event.which:返回指定事件上哪个键盘键或鼠标按钮被按下。

event.type:返回哪种事件类型被触发。

常见事件对象的方法如下。

event.stopPropagation():阻止事件向上冒泡到 DOM 树,阻止任何父处理程序被事件通知。

event.preventDefault():阻止元素发生默认的行为。例如,当单击提交按钮时阻止对表单的提交;阻止以下 URL 的链接。

5.1.5 jQuery 控制元素 CSS 样式

1. jQuery 控制元素的 class 的属性

可通过事先定义好 CSS 的 class 样式,再通过下列方法进行给元素赋值 class 样式,来实现修改元素样式的目标。jQuery 控制 class 属性的方式如表 5-5 所示。

表 5-5　jQuery 控制 class 属性的方式

方　　法	功　能　描　述
addClass()	向被选元素添加一个或多个类
removeClass()	从被选元素删除一个或多个类
toggleClass()	对被选元素进行添加/删除类的切换操作
hasClass()	检查被选元素是否包含指定的 class 名称

2. 采用.css()方法修改内联 CSS 样式

可使用.css()方法来直接修改元素的内联 CSS 样式,等同于给元素添加 style 属性。.css()方法的使用方式如表 5-6 所示。

表 5-6 .css()方法的使用方式

语　　法	举　　例	描　　述
css("propertyname");	$("p").css("background-color");	返回 p 元素 background-color 样式的值
css("propertyname","value");	$("p").css("background-color"," yellow");	为 p 元素设置 background-color 样式的值
css({"propertyname":"value"," propertyname":"value",...});	$("p").css({"background-color":" yellow","font-size":"200％"});	为 p 元素设置多个样式的值, 用逗号相隔

jQuery 控制元素 CSS 样式如代码 5-1 所示。

【代码 5-1】 jQuery 控制元素 CSS 样式

```
1   <! DOCTYPE html>
2   <html>
3     <head>
4         <meta charset="utf-8">
5         <title> jQuery 控制元素 CSS 样式</title>
6         <style type="text/css">
7             .img-bigger{width: 440px;}
8         .img-default{ width: 220px;}
9         .img-smaller{width:110px;}
10        </style>
11    </head>
12    <body>
13    <h4> 1 鼠标单击事件,通过添加或移除 class 样式改变图片大小</h4>
14     <img src="img/apple.jpg"  id="appleImg"><br>
15     <button  id="bigger"> 更大</button>
16     <button  id="default"> 正常</button>
17     <button  id="smaller"> 更小</button>
18  <script src="js/jquery-1.7.1.js" type="text/javascript" charset="utf-8">
    </script>
19  <script type="text/javascript">
20  $(document).ready(function(){
21    //1 鼠标单击事件,通过添加或移除 class 样式改变图片大小
22      $('#bigger').click(function(){
23        $('#appleImg').removeClass();
24        $('#appleImg').addClass('img-bigger');
25      });
26      $('#default').on('click',function(){
27        $('#appleImg').removeClass();
28        $('#appleImg').addClass('img-default');
29      });
30      $('#smaller').on('click',function(){
31        $('#appleImg').removeClass().addClass('img-smaller');
32      });
33      $('#smaller').off('click');
```

```
34        $('#smaller').one('click',function(){
35          $('#appleImg').removeClass().addClass('img-smaller');
36        });
37      });
38  </script>
39  </body>
40  </html>
```

代码 5-1 在 Edge 浏览器中运行结果如图 5-2 所示。

图 5-2　jQuery 控制元素 CSS 样式效果

5.1.6　jQuery 遍历

jQuery 遍历

jQuery 遍历,意为"移动",用于根据其相对于其他元素的关系来查找(或选取)
HTML 元素。从某项选择开始,并沿着这个选择移动,直到抵达期望的元素为止。

图 5-3 展示了一个家族树。通过 jQuery 遍历,能够从被选(当前的)元素开始,轻松地
在家族树中向上移动(祖先),向下移动(子孙),水平移动(同胞)。这种移动被称为对 DOM
进行遍历。

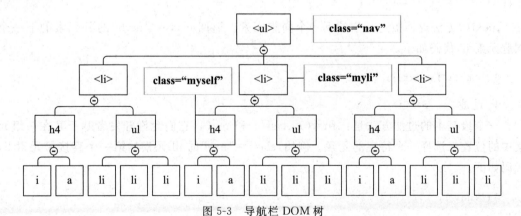

图 5-3　导航栏 DOM 树

1. 祖先

通过 jQuery,能够向上遍历 DOM 树,以查找元素的祖先。

.parent()方法返回被选元素的直接父元素。

.parents()方法返回被选元素的所有祖先元素,它一路向上直到文档的根元素(<html>)。

也可以使用可选参数来过滤对祖先元素的搜索。

例如,从 class＝"myself"的 h4 元素开始向上遍历,查找父元素 li,代码如下。

```
$('.myself').parent();
$('.myself').parents('li');
```

2. 后代

从当前元素开始向下遍历 DOM 树,以查找元素的后代。

.children()方法返回被选元素的所有直接子元素。当然也可以使用参数来过滤对子元素的搜索。

.find()方法返回被选元素的后代元素,一路向下直到最后一个后代,而不仅仅是直接子元素。例如,从 class＝"nav"的 ul 元素开始向下遍历,要查找到 class＝"myself"的 h4 元素,代码如下。

```
$('.nav').children('li').children('.myself');
```

.find()方法返回被选元素的后代元素,一路向下直到最后一个后代,而不仅仅是直接子元素。代码如下。

```
$('.nav').find('.myself');
```

3. 同胞

同胞拥有相同的父元素。在 jQuery 中,能够通过以下方法在 DOM 树中遍历元素的同胞元素。

.siblings()方法返回被选元素的所有同胞元素,也可以使用参数来过滤对同胞元素的搜索。

.next()方法返回被选元素的下一个同胞元素。例如,从 class＝"myli"的 li 元素开始,查找它所有的同胞元素,代码如下。

```
$('.myli').siblings();
```

.next()方法返回被选元素的下一个同胞元素。返回 class＝"myli"的 li 元素的下一个同胞元素 li,代码如下。

```
$('.myli').next();
```

4. 过滤

三个最基本的过滤方法是:.first()、.last() 和 .eq(),它们允许开发者基于其在一组元素中的位置来选择一个特定的元素。例如,class＝"nav"的 ul 元素的第一个直接子元素 li,代码如下。

```
$('.nav li').first();
```

class＝"nav"的 ul 元素的最后一个直接子元素 li,代码如下。

```
$('.nav li').last();
```

class＝"nav"的 ul 元素的第二个直接子元素 li,代码如下。

```
$('.nav li').eq(1);//索引下标从 0 开始,这里要定位到第二个元素,所以索引下标为 1
```

【知识总结】

(1) jQuery 是一个快速和简洁的 JavaScript 框架；jQuery 优化 HTML 文档操作、事件处理、动画设计和 AJAX 交互。

(2) jQuery 沿用 CSS 选择器并还有一些自定义的选择器。

(3) 制作一个 jQuery 交互效果的过程：安装 jQuery；HTML＋CSS 构建页面结构及布局；文档就绪事件；jQuery 事件触发及交互实现。

(4) jQuery 常见事件方法；.on()、.off()、.one()统一处理事件绑定的方法；事件对象；事件传播的两种策略：事件捕获和事件冒泡；事件冒泡带来的弊端及如何阻止事件冒泡。

(5) jQuery 控制元素 CSS 样式的两种方式：jQuery 控制元素的 class 属性、.css()方法修改元素的 CSS 样式。

(6) jQuery DOM 遍历：祖先、后代、同胞、过滤的方法及使用。

【思考与练习】

(1) jQuery 可以做哪些工作？

(2) jQuery DOM 遍历有哪些方法？

5.2 jQuery 高级应用

5.2.1 jQuery 动画特效

jQuery 提供一组动画特效方法，通过过渡效果和移动来增强 Web 页面的体验。jQuery 动画特效方法如表 5-7 所示。

表 5-7 jQuery 动画特效方法

	jQuery 方法	功 能 描 述
显示、隐藏	.show()和.hide()	显示和隐藏 HTML 元素
	.toggle()	切换.hide()和.show()方法
淡入、淡出	.fadeIn()和.fadeOut()	淡入和淡出 HTML 元素
	.fadeToggle()	在.fadeIn()和.fadeOut()方法之间切换
	.fadeTo()	允许渐变为给定的不透明度(值介于 0～1)
滑动	.slideDown()	向下滑动元素
	.slideUp()	向上滑动元素
	.slideToggle()	在 slideDown()与 slideUp()方法之间进行切换
自定义动画	.animate()	创建自定义动画
停止动画	.stop()	用于停止动画或效果,在它们完成之前

1. 显示/隐藏 show()/hide()

(1) show()/hide()：没有参数将会立即显示/隐藏元素，相当于改变元素的 display 属性。当添加延迟时，hide() 会根据延迟时间渐渐改变元素的宽、高、透明度，当三者都减到 0 时会把 display 属性设置为 none；而 show() 恰好相反，先把将元素显示出来（把 display 属性设置为它原有的属性，可以是 block、inline 等），然后增加"三维"。该方法有以下三个参数。

① duration：（可选）执行延迟，有 fast、normal、slow，也可以自己指定数值。

② easing：（可选，注意要加引号）运动方式，swing（缓冲运动，默认）、linear（匀速运动）。

③ callback：（可选）回调函数，动画执行完后调用回调函数。

(2) toggle()：toggle 的意思为"切换"，顾名思义就是切换显隐状态［通过调用 show()、hide()］，当前若为显示状态，则变为隐藏，反之亦然，该方法的参数也是 durationi、easinig、callback。

2. 滑动 slideUp()/slideDown()

slideUp() 会通过逐渐改变元素的高度来隐藏元素，slideDown() 则正好相反。该方法的参数也是 durationi、easinig、callback。

slideToggle()：切换显隐状态［通过调用 slideUp()、slideDown()］，该方法的参数也是 durationi、easinig、callback。

3. 淡入淡出 fadeIn()/fadeOut()

fadeIn() 会通过改变透明度来显示元素，fadeOut() 恰好相反，该方法的参数也是 durationi、easinig、callback。

fadeTo() 会把元素的透明度改变至指定值，该方法有以下三个参数。

(1) duration：（必须）执行延迟，有 fast、normal、slow，也可以自己指定数值。

(2) opacity：（必须，范围 0~1）透明度。

(3) callback：（可选）回调函数，动画执行完后调用回调函数。

4. 自定义动画 animate()

自定义元素的大部分属性值（颜色相关不行）。该方法有以下三个参数。

(1) params：（必须）参数定义形成动画的 CSS 属性。

(2) duration：（可选）参数规定效果的时长。它可以取 slow、fast、毫秒这几个值。

(3) callback：（可选）回调函数，动画执行完后调用回调函数。

jQuery 动画特效示例如代码 5-2 所示。

【代码 5-2】 **jQuery 动画特效示例**

```
1    <html>
2    <head>
3    <meta charset="UTF-8">
4    <title></title>
5    <style type="text/css">
6        div{width: 400px;height: 400px;
7            background-color: yellow;display: none;}
8    </style>
9    </head>
```

```
10    <body>
11        <div id="div"></div>
12        <input type="button" name="btn" id="btn" value="点我"/>
13        <script src="js/jquery-1.7.1.js" type="text/javascript" charset="utf-8">
          </script>
14        <script type="text/javascript">
15            $(function(){
16                /*$("# btn").click(function(){
17                $("#div").show(4000,function(){$("#div").hide(4000);});
18                });*/
19                $("#div").toggle(4000);
20                $("#btn").click(function(){
21                    //$("#div").fadeIn(4000);
22                    //$("#div").fadeOut(4000);
23                    //$("#div").fadeTo(4000,0.2);
24                    //$("#div").slideUp(4000);
25                    //$("#div").slideToggle(4000);
26    $('#div').animate({'top':'300px','left':'300px'},2000).animate({'top':'0',
      'left':'0'},200);
27                });
28            });
29        </script>
30    </body>
31    </html>
```

5.2.2 jQuery 插件机制

1. jQuery 数据缓存机制

jQuery 数据缓存机制的基本语法如下。

```
$("选择器").data([key],[value]);
```

描述：在元素上存放或读取数据。

当参数只有一个 key 的时候，为读取该 jQuery 对象对应 DOM 中存储的 key 对应的值，例如：

```
var value=$("选择器").data("key");
```

当参数为两个时，为向该 jQuery 对象对应的 DOM 中存储 key-value 键值对的数据，例如：

```
var value=$("选择器").data("key","value");
```

删除缓存数据：

```
$("选择器").removeData("key");
```

2. jQuery 继承扩展机制

$.extend() 函数用于将一个或多个对象的内容合并到目标对象。其基本语法如下。

```
$.extend(target,object1,objectN);
```

153

注意：

（1）如果只为 $.extend() 指定了一个参数，则意味着参数 target 被省略。此时，target 就是 jQuery 对象本身。通过这种方式，可以为全局对象 jQuery 添加新的函数。

（2）如果多个对象具有相同的属性，则后者会覆盖前者的属性值。

3. jQuery 扩展事件函数方法

扩展 jQuery 元素集来提供新的方法（通常用来制作插件）。其基本语法如下。

```
$.fn.extend(object);
```

jQuery.fn 是 jQuery 的原型对象，其 extend() 方法用于为 jQuery 的原型添加新的属性和方法。这些方法可以在 jQuery 实例对象上调用。

4. 类级别开发插件

类级别的静态开发就是给 jQuery 添加静态方法，有以下三种方式。

（1）添加新的全局函数。直接给 jQuery 添加全局函数。

```
$.myAlert=function (str) {alert(str);};
```

（2）使用 $.extend(obj) 做继承扩展。可以使用 extend() 方法，extend 是 jQuery 提供的一个方法，把多个对象合并起来，参数是 object。

```
$.extend({
    myAlert2:function (str1) {alert(str1);},
    myAlert3:function () {alert(11111);}
});
```

（3）使用命名空间（如果不使用命名空间容易和其他引入的 JS 框架里面的同名方法冲突）。

```
$.yuqing={
    myAlert4:function (str) {alert(str);},
    centerWindow:function (obj) {
        obj.css({
        'top':($(window).height()-obj.height())/2,
        'left':($(window).width()-obj.width())/2
        });
    //必须进行返回对象的操作，否则就不能继续往下进行链式操作了
            return obj;
    }
};
```

以上代码例子使用如下代码进行调用：

```
//调用自定义插件方法
$('#btn').click(function () {
    $.myAlert('我是调用 jquery 编写的插件弹出的警告框');
    $.myAlert2('我是调用 jquery 的 extend()方法编写的插件弹出的警告框');
    $.myAlert3();
    $.yuqing.myAlert4("调用使用了命名空间编写的插件方法");
});
$.yuqing.centerWindow($('#div1')).css('background','red');
```

5. 对象级别开发插件

jQuery 官方给了一套对象级别开发插件的模板，如下所示。

```
(function($) {
    $.fn.plugin=function(options) {
        var defaults={
        //各种参数、各种属性
        };
        //options 合并到 defaults 上，defaults 继承了 options 上的各种属性和方法，将所
            有值赋值给 endOptions
        var endOptions=$.extend(defaults, options);
        this.each(function() {
            //实现功能的代码
        });
    };
})(jQuery);
```

模板要点：函数全部放在闭包里，外面的函数就调用不到里面的参数了，比较安全；前面加分号，避免出现问题。

例如，使用对象级别插件开发的方式进行优化选项卡效果，如代码 5-3 和代码 5-4 所示。

【代码 5-3】 tab.js 插件代码

```
1  ;(function($ ) {
2    $.fn.tab=function(options){
3      var defaults={
4        tabActiveClass: 'active',
5        tabNav: '#nav>li',
6        tabCont: '#cont>div',
7        tabType: 'click'
8      };
9      var endOptions=$.extend(defaults, options);
10     $(this).each(function() {
11       var_this=$(this);
12       _this.find(endOptions.tabNav).bind(endOptions.tabType, function
         () {
13             $(this).addClass(endOptions.tabActiveClass).siblings().
               removeClass(endOptions.tabActiveClass);
14           var index=$(this).index();
15           _this.find(endOptions.tabCont).eq(index).show().siblings().
             hide();
16       });
17     });
18   };
19 })(jQuery);
```

【代码 5-4】 选项卡效果 HTML 代码

```
1  <html>
```

```
2   <head>
3   <meta charset="UTF-8">
4   <title></title>
5   <style type="text/css">
6       *{margin: 0;padding: 0;}
7       #nav li {
8        list-style: none;float: left; height: 25px;
9        line-height: 25px;border: 1px solid #0000FF;
10         border-bottom: none;padding: 5px;margin: 10px;margin-bottom: 0;
11      }
12          #cont div {
13              width: 210px;height: 150px;border: 1px solid #0000FF;
14              margin-left: 10px;clear: both;display: none;}
15          .active {background: #AFEEEE;}
16  </style>
17  </head>
18  <body>
19      <div id="tab">
20          <ul id="nav">
21              <li class="active">HTML</li>
22              <li>CSS</li>
23              <li> JAVASCRIPT</li>
24          </ul>
25          <div id="cont">
26              <div style="display: block;">HTML</div>
27              <div> CSS</div>
28              <div> JAVASCRIPT</div>
29          </div>
30      </div>
31  <script  src="js/jquery-3.1.1.js" type="text/javascript"></script>
32  <script type="text/javascript" src="js/tab.js"></script>
33  <script type="text/javascript">
34      $(function(){
35      //使用 tab 选项卡插件进行处理
36          $('#tab').tab({tabType: 'mouseover'});
37      });
38  </script>
39  </body>
40  </html>
```

5.3　思政案例 5　中国载人航天之路

本例以"中国载人航天之路"为主题,介绍运用 HTML、CSS、JavaScript 三大技术设计展示页面,如代码 5-5 所示,页面效果如图 5-4 所示。

【代码 5-5】　中国载人航天之路

```
1   <!DOCTYPE html>
2   <html>
3   <head>
4    <meta charset="UTF-8">
5    <title>思政案例 5　中国载人航天之路</title>
6    <style type="text/css">
7        body{text-align: center;margin: 0 50px;}
8        p{font-size: 20px;text-indent: 2em;text-align: left;}
9        h3{font-size: 28px;text-shadow: 0px 0px 5px yellow;color: red;}
10   </style>
11  </head>
12  <body>
```

13 `<p>` 一步一个脚印。当中国第一颗人造地球卫星在 1970 年 4 月 24 日上天之后，中华人民共和国完成了"两弹一星"的伟业。"航天"一词，是钱学森首创的，他说，把人类在地球大气层之外的飞行活动称为"航天"，是从航海、航空"推理"而成的。

14 　他最初是从毛泽东主席的诗句"巡天遥看一千河"中得到的启示。他还首创了"航宇"一词，即"星际航行"，他在《星际航行概论》一书中详尽地论述了行星之间以致恒星之间的飞行。如今，如果说"航宇"一词对于普通百姓还有点陌生的话，"航天"一词已经被中国官方作为正式名词。`</p>`

15 　`<img width="300" height="200" src="img/图片 5.png"/>`

16 `<p>` 美国一直以中国航天的水平低和军方背景为由禁止中国加入国际空间站，甚至提出中国可以出资，但是不能共享空间站技术的要求。2011 年美国国会出台了一条修正案叫《沃尔夫条款》，内容是禁止美国太空总署(NASA)和白宫科技政策办公室的任何联合科学活动与中华人民共和国政府进行技术交流。

17 我国载人航天坚持独立自主，制定了三步走的战略，要建设中国人自己的空间站。第一步，实现航天员天地往返，神舟一号至六号已实现；第二步，全面突破发展空间站的核心技术，如航天员出舱行走、空间交会对接、空间实验室、货运补给、多人中长期生存，天宫二号和神舟十一号、天舟一号圆满完成；第三步，也就是终极目标，建立大规模长期载人驻留的空间站。

18 在 2028 年左右，曾经是太空探索标杆的国际空间站，可能因退役而结束运行。而彼时可能唯一在运行的空间站——中国空间站，已经向全世界发出了登上"天宫"的邀请函，在第一批科研项目遴选阶段，中国共收到了来自欧、美、亚、非等地共 27 个国家的 42 份项目申请，最终有 17 国的 9 个项目成功入选。汉语将成为他国航天员进入天宫空间站的基础必备技能。

19 中国人，凭实力得到了太空开发和治理的国际话语权。无论宇宙有没有尽头，人类的梦想都将无边无际。而这绚丽浩瀚的苍穹之梦，离开了美丽的中文，将会是怎样一种暗淡苍白。`</p>`

```
20  </body>
21  </html>
```

图 5-4　中国载人航天之路效果图

　　美国一直以中国航天的水平低和军方背景为由禁止中国加入国际空间站，甚至提出中国可以出资，但是不能共享空间站技术的要求。2011 年美国国会出台了一条修正案叫《沃尔夫条款》，内容是禁止美国太空总署 (NASA) 和白宫科技政策办公室的任何联合科学活动与中华人民共和国政府进行技术交流。我国载人航天坚持独立自主，制定了三步走的战略，要建设中国人自己的空间站。第一步，实现航天员天地往返，神舟一号至六号已实现；第二步，全面突破发展空间站的核心技术，如航天员出舱行走、空间交会对接、空间实验室、货运补给、多人中长期生存，天宫二号和神舟十一号、天舟一号圆满完成；第三步，也就是终极目标，建立大规模长期载人驻留的空间站。在 2028 年左右，曾经是太空探索标杆的国际空间站，可能因退役而结束运行。而彼时可能唯一在运行的空间站——中国空间站，已经向全世界发出了登上"天宫"的邀请函，在第一批科研项目遴选阶段，中国共收到了来自欧、美、亚、非等地共 27 个国家的 42 份项目申请，最终有 17 国的 9 个项目成功入选。汉语将成为他国航天员进入天宫空间站的基础必备技能。中国人，凭实力得到了太空开发和治理的国际话语权。无论宇宙有没有尽头，人类的梦想都将无边无际。而这绚丽浩瀚的苍穹之梦，离开了美丽的中文，将会是怎样一种暗淡苍白。

图　5-4(续)

【知识总结】

　　jQuery 是 JS 的一个框架，它是开源的项目。对底层的 JS 进行封装，通过 JS 框架就可以快速地完成 DOM 对元素的增删改查操作，并提供了动画功能。jQuery 对外提供 API 让开发者去开发 jQuery 插件。jQuery 目前是比较流行的一个框架。它具有轻量级、强大的选择器、出色的 DOM 封装、可靠的事件处理机制、完善的 AJAX、出色的浏览器兼容性、丰富的插件支持、完善的文档、支持链式操作的特点。

【思考与练习】

　　(1) jQuery 访问对象中的 size() 方法的返回值和 jQuery 对象的 _____ 属性一样。

　　(2) jQuery 中 $(this).get(0) 的写法和 _____ 是等价的。

　　(3) 现有一个表格，如果想要匹配所有行数为偶数的，用 _____ 实现，奇数的用 _____ 实现。

第 6 章 智慧农业系统项目

第 4 篇

智慧农业系统项目篇

➢ 智慧农业系统项目

第 6 章　智慧农业系统项目

项目引入

　　智慧农业就是将物联网技术运用到传统农业中去,运用传感器和软件,通过移动平台或者计算机平台对农业生产进行控制,使传统农业更具有"智慧"。从信息生成、传输、处理、应用这几个环节来看,智慧农业的信息流如下:生成阶段,智慧农业使用各类无线传感器,获取植物生长环境信息,如土壤水分、土壤温度、空气温度、空气湿度、光照强度、植物养分含量等参数;传输阶段,智慧农业通过无线通信技术,如 Zigbee、NB-IOT 等技术,最终将数据传输至服务器;处理阶段,使用云计算等技术对数据进行网络化存储管理;应用阶段,使用软件技术,通过计算机平台或移动平台以数据可视化的方式呈现给管理用户,并提供控制和智能分析决策等服务。在应用阶段,数据如何实现在计算机平台和移动平台的可视化展示呢?当然就是运用到了 Web 前端技术,才能开发出用户友好、交互方便的页面。在此软件平台的各种功能页面上,让管理用户可以直观的方式查看各类信息,实现农业生产环境的智能感知、智能预警、智能决策、智能分析、专家在线指导,为农业生产提供精准化种植、可视化管理、智能化决策等服务。

学习目标

➤ 识记:form 表单、img 标签、html 表格。
➤ 领会:页面布局。
➤ 应用:登录页面及权限管理页面实现。

6.1　前　期　设　计

6.1.1　需求调研及现场工勘

　　1.需求调研

　　经过和项目业主的访谈,获取到的项目需求有以下几点。

　　(1)实现根据蔬菜大棚土壤湿度自动开停浇水水阀。

　　(2)实现根据蔬菜大棚气温和二氧化碳浓度自动调节卷帘开启高度,如果不能有效调节则开启通风机。

　　(3)实现水培蔬菜大棚土壤温湿度、空气温湿度、二氧化碳浓度等传感器偏离设定值时能自动提醒管理人员。

　　(4)实现大棚光照度检测,必要时控制补光灯补光。

（5）管理人员能在管理用房的 PC 上实时监控各传感器的数值，并能手动进行控制。

（6）项目业主能在手机端实时监控各传感器的数值。

2. 现场工勘

在物联网部署前，并不能明确设备的部署数量和安装方式。只有在对覆盖地点进行勘测和指标计算后，才能确定传感器、网关及其他器件的型号和数量。同时通过勘测和指标计算，才能确定设备布放的位置等工程涉及参数，作为工程安装的指导资料。经过现场工勘，得到该项目的一些基本信息如下。

（1）地形勘查：项目覆盖范围 1 000m²，蔬菜大棚面积距离管理用房 150m。场地与中心端没有高大遮挡物，如图 6-1 所示。

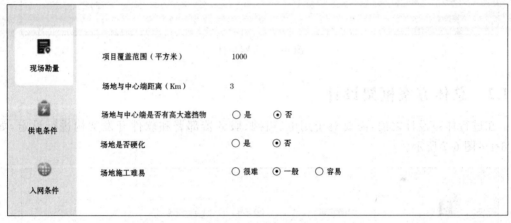

图 6-1　现场工勘

（2）用电勘查：项目管理用房已接通 220V 交流电，最大负载 8kW。蔬菜大棚可管理用房铺设 220V 用电线路，如图 6-2 所示。

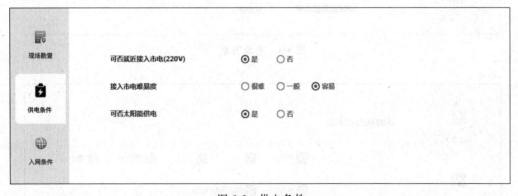

图 6-2　供电条件

（3）网络环境勘查：经咨询，各宽带服务商均表示该项目位置安装有线宽带，现场测试电信 4G 网络信号较强，连接稳定，如图 6-3 所示。

通过工勘，系统建设部署的场地环境、供电条件和网络情况，从而使设备选型、配置符合现场实际情况。

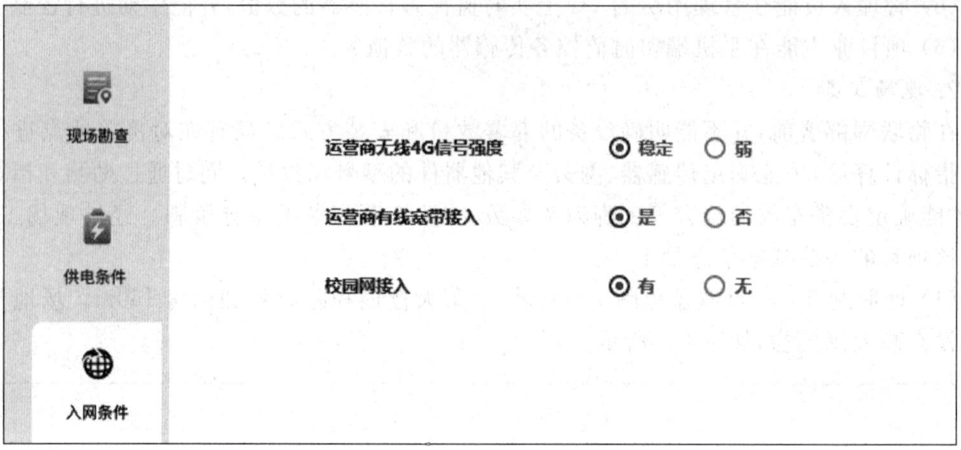

图 6-3　入网条件

6.1.2　总体方案框架设计

在进行体系设计之前，需要对于用电、组网、服务器部署和软件开发架构进行设定，如图 6-4～图 6-7 所示。

图 6-4　电源方案

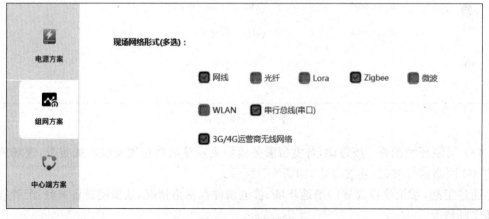

图 6-5　组网方案

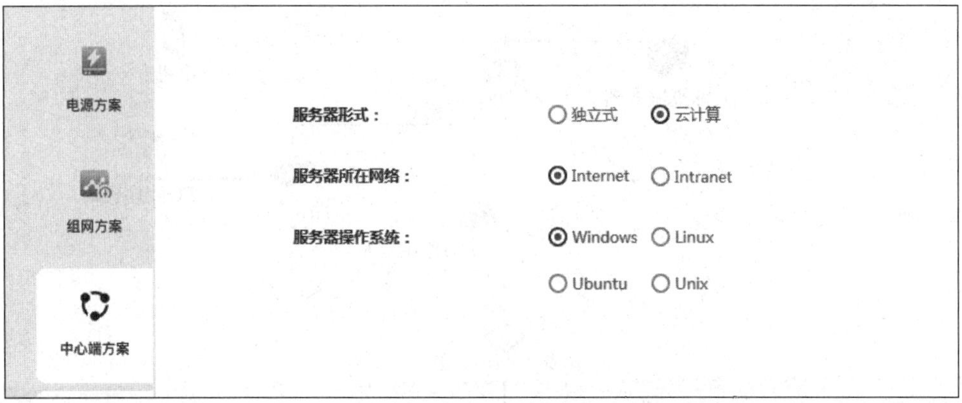

图 6-6　中心端方案

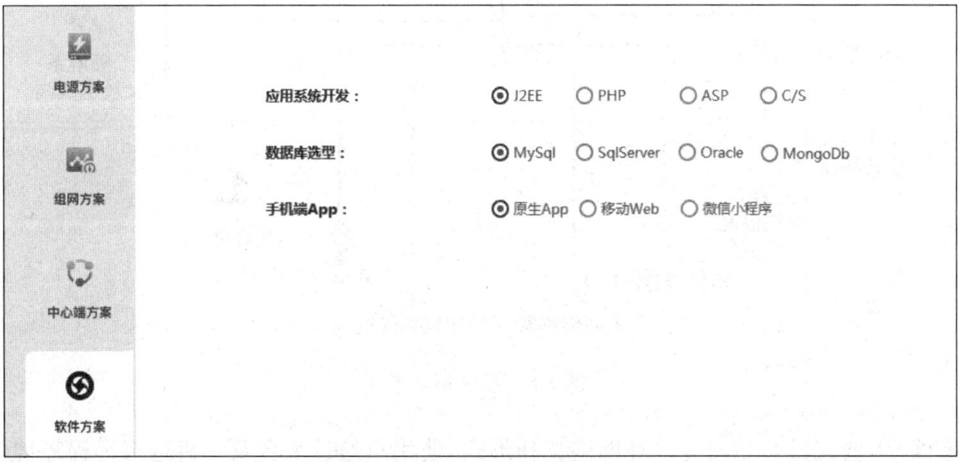

图 6-7　软件方案

系统采用应用层、网络层、感知层三层架构,通过数据网络、移动网络将气候环境、土壤环境的传感器监测的数据传至云服务器,并通过网络摄像头对现场进行远程监控,同时也支持对大棚内电动设备的远程控制。

系统拓扑如图 6-8 所示。

(1)感知层。感知层实现农业种植环境信息采集监测、电动设备自动控制、生产环境监控及追溯等功能。其中农业种植环境信息采集部分,通过传感器监测大棚空气温湿度信息、土壤信息监测、气象信息等。图中包括温度传感器、湿度传感器、二氧化碳传感器、雨量传感器,可以扩展支持光照度传感器、大气压传感器、电导率传感器、土壤水分传感器等。电动设备自动控制通过定时启停、按条件启停、远程手动启停等方式,对现场设备设施实施大棚温度控制、遮阳控制及风机、补光、加热、开窗灌溉水肥控制等。图中包括风机、电灯、风机等,可以扩展支持卷帘机、遮阳帘、电动窗、水泵、补光灯等。生产环境监控及追溯可以通过摄像机、二维码等,实现农业生产现场图像与视频采集。

(2)网络层。通过光纤、以太网、无线的传输方式对信息进行传输与汇集。根据现场采集数据情况,可以考虑通过数据网络、GPRS/3G/4G/5G 网络传至后台云服务器,具体可以

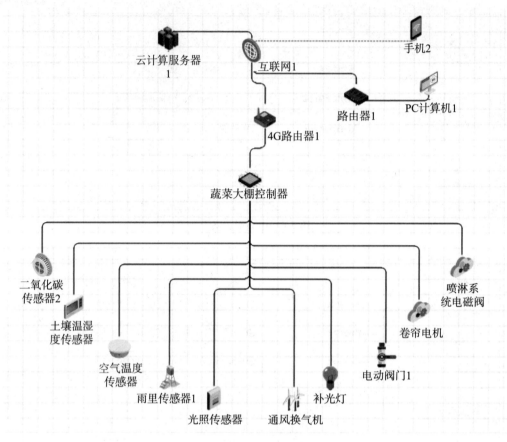

图 6-8   系统拓扑图

采用有线/无线、公网/私网等多种网络拓扑形式,使用户通过平台及手机进行远程环境信息的监测。

（3）应用层。可对信息进行处理、智能决策、信息发布,对基地大棚设备进行管控。具体可以包括:数据采集、信息监测、报警与远程控制处理,例如,适合不同场合需要可设定各监控点位的温湿度报警限值,当出现数据异常时可自动发出报警信号,以多媒体声光、网络客户端、手机短信息等形式通知不同的值班人员,并根据系统设定的控制方式触发相应自动控制动作;通过图像与视频直观地反映了农作物生产的实时态势,可以侧面反映出农作物生长的整体状态及营养水平。还可以从整体上给农户提供更加科学的种植决策理论依据。

6.2 具体方案设计

6.2.1 传感器及执行器应用

1. 土壤温湿度传感器

土壤水是植物吸收水分的主要来源(水培植物除外),土壤水分含量的状态和变化,是植物的生长状况好坏的主要决定因素,由此影响到人类的食品安全和生态环境。因而,地球上的土壤和水是人类乃至所有生命生存的基础,通过土壤水分传感器测量土壤中的含水量。

图 6-9　土壤温湿度传感器

要测量土壤的温湿度一般都是使用插入式的温湿度传感器(图 6-9)的,当然这种插入式温湿度传感器和我们通常所说的工业上的插入式温湿度传感器也是不同的。一般土壤插入式温湿度传感器比较小,而且不同于工业上使用的温湿度传感器,一般土壤温湿度传感器有好几个长度不一样的探针,这样是为了更好地测量不同深度土壤的温湿度。土壤温湿度传感器一般要耐腐蚀性好,因为需要经常插入土壤中,所以土壤温湿度传感器探针一般使用 316L 特种钢材。

本系统使用型号为 WEA R350B 的土壤温湿度传感器,参数设定如表 6-1 所示。

表 6-1　土壤温湿度传感器参数设定

项　目		参　数
原理		电学式传感器
输出类型		RS485/232 串行总线
接口参数	设备地址	1
	波特率	9 600
	校验位	无校验
	数据位	8
	停止位	1
	通信协议	自定义
微处理器		Cortex-A7
输入电源		DC 12V

2. 空气温湿度传感器

空气温湿度传感器(图 6-10)主要用来测量空气湿度,感应部件采用高分子薄膜湿敏电容,位于杆头部,这种具有感温湿特性的电介质,其介电常数随相对湿度而变化。空气温湿度传感器主要在气象观测、环境控制、露点测量、干燥处理、暖房、植物栽培、博物馆、展览会(馆)、纸张制造、存储、过程控制、养殖控制、纺织制造、存储时推荐使用。

图 6-10　空气温湿度传感器

本系统使用型号为 WEW-R206A 的空气湿度传感器,参数设定如表 6-2 所示。

表 6-2　空气湿度传感器参数设定

项　目	参　数
原理	电学式传感器

续表

项　目		参　数
输出类型		RS485/232 串行总线
接口参数	设备地址	1
	波特率	9 600
	校验位	无校验
	数据位	8
	停止位	1
	通信协议	自定义
微处理器		Cortex-A5
输入电源		DC 12V

3. 二氧化碳传感器

二氧化碳传感器(图 6-11)是一种用来检测大气中二氧化碳含量以及其他相关参数的一种专用设备,通常这种设备有很多类型,所以也就被广泛地应用到了石油、家居、化工、气象、化学等绝大部分和生活息息相关的行业。

本系统使用型号为 WECO2-R6000 的二氧化碳传感器,参数设定如表 6-3 所示。

图 6-11　二氧化碳传感器

表 6-3　二氧化碳传感器参数设定

项　目		参　数
原理		电化学式传感器
输出类型		RS485/232 串行总线
接口参数	设备地址	1
	波特率	9 600
	校验位	无校验
	数据位	8
	停止位	1
	通信协议	自定义
微处理器		Cortex-A7
输入电源		DC 12V

图 6-12　雨量传感器

4. 雨量传感器

雨量传感器(图 6-12)适用于气象台(站)、水文站、农林、国防等有关部门用来遥测液体降水量、降水强度、降水起止时间。用于以防洪、供水调度、电站水库水情管理为目的的水文自动测报系统、自动野外测报站,为降水测量传感器。

本系统使用型号为 WRA-12/T 的雨量传感器,参数设定如表 6-4 所示。

表 6-4　雨量传感器参数设定

项　　目		参　　数
原理		电学式传感器
输出类型		RS485/232 串行总线
接口参数	设备地址	1
	波特率	9 600
	校验位	无校验
	数据位	8
	停止位	1
	通信协议	自定义
微处理器		Cortex-A7
输入电源		DC 12V

5. 光照度传感器

光照度传感器(图 6-13)是将光照度大小转换成电信号的一种传感器,输出数值计量单位为 LUX。光是光合作用不可缺少的条件;在一定的条件下,当光照强度增强后,光合作用的强度也会增强,但当光照强度超过限度后,植物叶面的气孔会关闭,光合作用的强度就会降低。因此,使用光照度传感器控制光照度也就成为影响农作物产量的重要因素。

图 6-13　光照度传感器

本系统使用型号为 JXBS-3001 的光照度传感器,参数设定如表 6-5 所示。

表 6-5　光照度传感器参数设定

项　　目		参　　数
原理		电学式传感器
输出类型		RS485/232 串行总线
接口参数	设备地址	1
	波特率	9 600
	校验位	无校验
	数据位	8
	停止位	1
	通信协议	自定义
微处理器		Cortex-A7
输入电源		DC 12V

6. 执行器

本项目的执行器包含喷淋系统电磁阀、卷帘电机、通风换气机、补光灯等开关类执行器，由边缘计算模块的 I/O 接口根据接收到的开关量指令驱动继电器来控制。

6.2.2　边缘计算模块

本项目采用 STM32F103VCT6 嵌入式芯片为核心的边缘计算单元。

STM32F103 的性能特点如下。

(1) 内核：ARM32 位 CORTEX-M3 CPU，最高工作频率 72MHz，1.25DMIPS/MHz；单周期乘法和硬件除法。

(2) 存储器：片上集成 32～512KB 的 FLASH 存储器；6～64KB 的 SRAM 存储器。

(3) 时钟、复位和电源管理：2.0～3.6V 的电源供电和 I/O 接口的驱动电压；上电复位(POR)、掉电复位(PDR)和可编程的电压探测器(PVD)；4～16MHz 的晶振；内嵌出厂前调校的 8MHz RC 振荡电路；内部 40kHz 的 RC 振荡电路；用于 CPU 时钟的 PLL；带校准用于 RTC 的 32kHz 的晶振。

(4) 低功耗：休眠、停止、待机三种模式。为 RTC 和备份寄存器供电的 VBAT。

(5) DMA：12 通道 DMA 控制器；支持的外设：定时器、ADC、DAC、SPI、IIC 和 UART。

(6) 3 个 12 位的 US 级的 A/D 转换器(16 通道)：A/D 测量范围：0～3.6V；双采样和保持能力；片上集成一个温度传感器。

(7) 2 通道 12 位 D/A 转换器：STM32F103XC、STM32F103XD、STM32F103XE 独有。

(8) 最多为 112 个的快速 I/O 接口：根据型号的不同，有 26、37、51、80 和 112 的 I/O 接口，所有的端口都可以映射到 16 个外部中断向量。除了模拟输入，所有的端口都可以接受 5V 以内的输入。

(9) 最多为 11 个定时器：4 个 16 位定时器，每个定时器有 4 个 IC/OC/PWM 或者脉冲计数器；2 个 16 位的 6 通道高级控制定时器，最多 6 个通道可用于 PWM 输出；2 个看门狗定时器(独立看门狗和窗口看门狗)；SYSTICK 定时器，24 位倒计数器；2 个 16 位基本定时器用于驱动 DAC。

(10) 最多为 13 个通信接口：2 个 IIC 接口(SMBUS/PMBUS)；5 个 USART 接口(ISO 7816 接口，LIN，IRDA 兼容，调试控制)；3 个 SPI 接口(18Mb/s)，两个和 IIS 复用；CAN 接口(2.0B)；USB 2.0 全速接口；SDIO 接口。

6.2.3　组网方案设计

本项目传感器通过型号为 UT-2201 的 RS485 串行通信模块和边缘计算模块(图 6-14)相连接，边缘计算模块通过 Wifi 和 4G-Wifi 路由器联网，4G-Wifi 路由器通过内嵌的 4G 模块连接到阿里云的云服务器，手机 APP 和计算机连接公网网络后访问云服务器。网络参数配置如表 6-6 所示，组网方案设计如图 6-15 所示。

表 6-6　网络参数配置

信号类型	TCP/IP
网关地址	192.168.0.1

续表

信号类型		TCP/IP
子网掩码		255.255.255.0
IP 地址分配	云计算服务	10.101.92.123
	PC 计算机	192.168.100.144
	4G 路由器	192.168.100.54
	边缘计算模块	192.168.100.100

图 6-14　RS485 串行通信模块和边缘计算模块

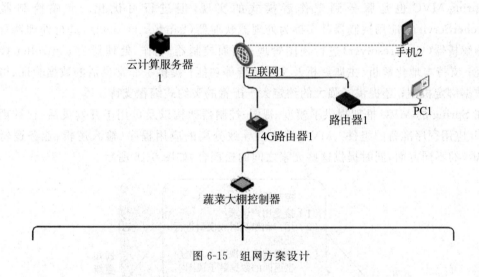

图 6-15　组网方案设计

6.2.4　服务端方案设计

智慧农业教学实训系统—Web 服务端方案如下。

1. Spring

Spring 是 Java EE 编程领域的一个轻量级开源框架,该框架由一个叫 Rod Johnson 的程序员在 2002 年最早提出并随后创建,是为了解决企业级编程开发中的复杂性,实现敏捷开发的应用型框架。Spring 是一个开源容器框架,它集成各类型的工具,通过核心的 bean Factory 实现了底层的类的实例化和生命周期的管理。在整个框架中,各类型的功能被抽象成一个个的 bean,这样就可以实现各种功能的管理,包括动态加载和切面编程。

Spring 有如下优点。

（1）低侵入式设计，代码污染极低。

（2）独立于各种应用服务器，基于 Spring 框架的应用，可以真正实现"Write Once, Run Anywhere"的承诺。

（3）Spring 的 DI 机制降低了业务对象替换的复杂性，提高了组件之间的解耦。

（4）Spring 的 AOP 支持允许将一些通用任务，如安全、事务、日志等进行集中式管理，从而提供了更好的复用。

（5）Spring 的 ORM 和 DAO 提供了与第三方持久层框架的良好整合，并简化了底层的数据库访问。

（6）Spring 并不强制应用完全依赖于 Spring，开发者可自由选用 Spring 框架的部分或全部。

2. Spring MVC

Spring MVC 是一种基于 Java，实现了 Web MVC 设计模式的请求驱动类型的轻量级 Web 框架，即使用了 MVC 架构模式的思想，将 Web 层进行职责解耦，基于请求驱动指的就是使用请求-响应模型。框架的目的是帮助开发者简化开发，Spring MVC 的目的则是帮助开发者简化 Web 开发。

Spring MVC 也是服务到工作者模式的实现，但进行可优化。前端控制器是 DispatcherServlet；应用控制器其实拆为处理器映射器（handler mapping）进行处理器管理和视图解析器（view resolver）进行视图管理；页面控制器/动作/处理器为 controller 接口的实现；支持本地化解析、主题解析及文件上传等功能；提供了非常灵活的数据验证、格式化和数据绑定机制；还提供了强大的约定大于配置的契约式编程支持。

在 Spring 的 MVC 框架提供了模型-视图-控制器架构以及可用于开发灵活、松散耦合的 Web 应用程序准备的组件。MVC 模式会导致分离的应用程序（输入逻辑、业务逻辑和 UI 逻辑）的不同方面，同时提供这些元素之间的松耦合，如图 6-16 所示。

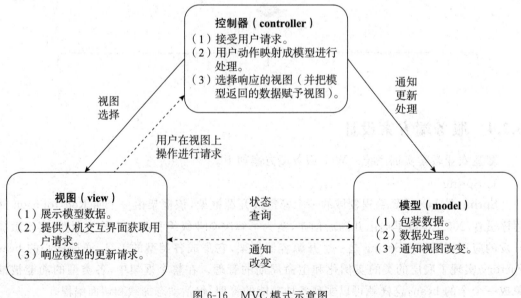

图 6-16　MVC 模式示意图

模型(model)封装了应用程序的数据和一般它们会组成的普通老式 Java 对象(plain old Java objects,POJO)。

视图(view)是负责呈现模型数据和一般它生成的 HTML 输出,客户端的浏览器能够解释。

控制器(controller)负责处理用户的请求,并建立适当的模型,并把它传递给视图渲染。

3. MyBatis

MyBatis 是一款优秀的持久层框架,它支持自定义 SQL、存储过程以及高级映射。MyBatis 免除了几乎所有的 JDBC 代码以及设置参数和获取结果集的工作。MyBatis 可以通过简单的 XML 或注解来配置和映射原始类型、接口和 POJO 为数据库中的记录。

MyBatis 有以下几个特点。

(1) 简单易学:本身就很小且简单。没有任何第三方依赖,安装简单,只要两个 JAR 文件并配置几个 SQL 映射文件。易于学习,易于使用,通过文档和源代码,可以比较完全地掌握它的设计思路和实现。

(2) 灵活:MyBatis 不会对应用程序或者数据库的现有设计强加任何影响。SQL 写在 XML 里,便于统一管理和优化。通过 SQL 语句可以满足操作数据库的所有需求。

(3) 解除 SQL 与程序代码的耦合:通过提供 DAO 层,将业务逻辑和数据访问逻辑分离,使系统的设计更清晰,更易维护,更易单元测试。SQL 和代码的分离,提高了可维护性。

(4) 提供映射标签,支持对象与数据库的 ORM 字段关系映射。

(5) 提供对象关系映射标签,支持对象关系组建维护。

(6) 提供 XML 标签,支持编写动态 SQL。

6.2.5　前端软件方案设计

1. 智慧农业教学实训系统信息结构分析

系统信息结构图就是结构化表现系统里面所有频道、子频道、页面、模块、元素的一种示意图。它可以帮助开发者将想法和概念结构化。信息结构图一般会包含如下内容。

(1) 频道:某一个同性质的功能或内容的共同载体,也可以称为功能或内容的类别。

(2) 子频道:频道下细分的内容。

(3) 页面:单个页面或某频道下面的页面。

(4) 模块:页面中多个元素组成的一个区域内容,在页面中同一性质的模块可以出现一次或者多次,甚至可以循环出现。例如,门户网站中的新闻列表。

(5) 元素:页面或者模块中的具体元素的内容。例如,新闻列表中某条新闻中呈现出来的信息,有新闻标题、新闻发布人、发布时间、新闻摘要。

从使用者的角度去分析智慧农业教学实训系统前台页面的信息结构,如图 6-17 所示。

智慧农业前端系统(图 6-18)包括远程农业监控系统、农业物联网生产管理系统、云溯源查询监管应用系统、云信息追溯系统和系统管理等子系统。

2. 前端开发模式及技术方案

作为 Web 前端开发工程师,开发者有必要了解前辈们对 Web 项目开发模式的探索,这些内容不仅有利于开发者选择恰当的开发模式及技术方案,还可以帮助开发者尽快上手项目的前端开发工作。

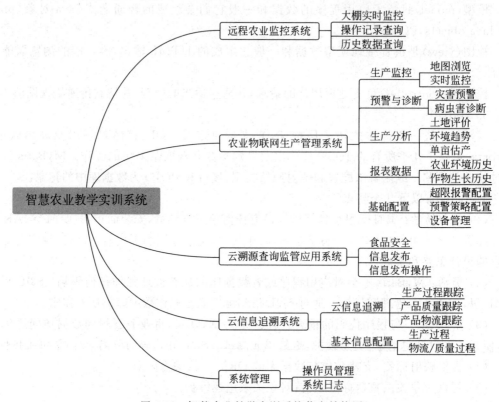

图 6-17　智慧农业教学实训系统信息结构图

图 6-18　智慧农业前端系统包含的子系统

1）前端开发模式演变过程

前端开发模式的演变过程也是 Web 项目开发模式的发展过程。早期的 Web 开发，前后端并未实现分离，前端工程师的主要工作是完成 HTML 静态页面，然后交给 JSP、PHP等后端工程师去实现页面动态化。这样的开发模式，适合业务逻辑简单的小型 Web 项目的开发，如图 6-19 所示。

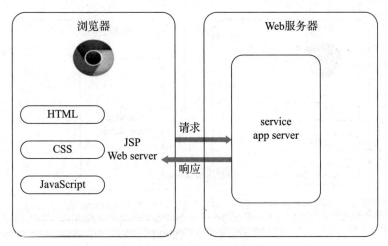

图 6-19　早期的 Web 开发模式

　　然而随着 Web 项目的业务逻辑越来越复杂，参与项目开发的工作人员增加到几十个乃至更多时，这个模式显然不能满足要求。为了降低开发复杂度，增强代码的可维护性，以后端为出发点，便有了 Web Server 层的架构升级，比如：Structs、Spring MVC 等，这是后端的 MVC 时代。这种开发模式下，前端写好 demo，让后端工程师去套模板（Velocity、Freemaker 等模板技术），如图 6-20 所示。

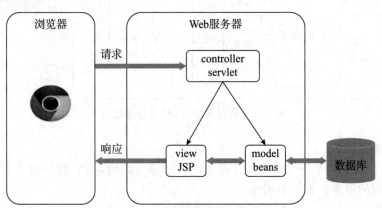

图 6-20　后端的 MVC 开发模式

　　controller 即控制器，负责调控模型和视图的联系，它的作用是控制应用程序的流程，处理事件并作出响应。注意，事件不仅仅包括用户的行为还有数据模型的变化。

　　如图 6-18 所示，控制器通过捕获用户请求事件，通知模型层做出相应的更新处理，同时将模型层的更新和改变通知给视图，视图即做出相应的改变。

　　2005 年 AJAX 的出现，让前端开发有了一次质的飞跃，掀起了单页面应用 SPA（single page application）时代。这种模式下，前后端的分工非常清晰，通过 AJAX 接口进行数据的交互，如图 6-21 所示。

　　同时在客户端 Web 开发领域，MVC 模式也逐渐被认可和普及起来，如图 6-22 所示。这一时期，为了降低前端开发复杂度，大量框架涌现，诸如，BackboneJS、EmberJS、KnockoutJS、AngularJS、ReactJS 等。

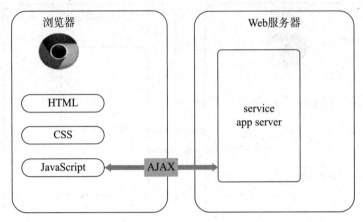

图 6-21 AJAX 时代

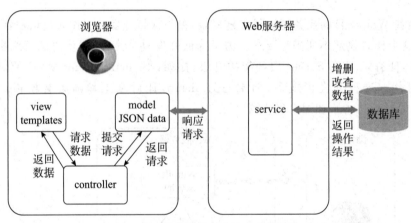

图 6-22 浏览器端的 MVC 分层架构

2）前端技术方案

一个网页页面可以划分为结构、表现及行为三部分内容，将它们分离开来进行代码组织，有利于代码的可维护性和重用性。

（1）结构（structure）：负责页面的内容结构。

（2）表现（presentation）：负责页面内容的展现样式。

（3）行为（behavior）：负责页面的行为，使页面更富有交互性。

如果将一本书比喻为一个网站，那么每一页就是一个页面，而书中分章节、段落，就构成了这本书的"结构"；每个部分的内容如何排版，文字用什么字体、字号、颜色，图片和文字如何展现就是这本书的"表现"；而书中的互动提问、知识延展、拓展练习就是与读者之间交互的"行为"。

结构、表现、行为三者相辅相成，都是网页不可或缺的内容，它们分别由不同的技术来实现。结构由 HTML 实现，表现由 CSS 实现，行为则由 JavaScript 脚本语言实现，如图 6-23 所示。

为了提高工作效率以及代码的兼容性，开发者常常会选择使用 JavaScript 库，原生的 JavaScript 需要几十行代码就能完成的交互效果，可能 JavaScript 库只需要几行就能完成。

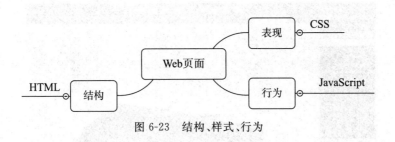

图 6-23   结构、样式、行为

常见的 JavaScript 库有 jQuery、Prototype、Mootools、YUI、Dojo、ExtJS、Kissy。

制作前端页面是一项需要耐心且花时间的工作,前端 CSS 框架技术使得 Web 开发更加快捷,能帮助开发者快速构建前端页面,常见的 Web 前端开发 CSS 框架有:Bootstrap、jQuery UI、Sencha Ext JS。

在前端开发模式演变过程中提到过,MVC 模式在前端开发中的应用,使得产生了一系列的前端 MVC 框架技术,如 BackboneJS、EmberJS、KnockoutJS、AngularJS、ReactJS 等。

随着移动端 Web 应用的崛起,也涌现出大量移动端开发框架,如 jQuery Mobile、Sencha Touch、Dojo Mobile、Kissy Mobile、Foundation,如图 6-24 所示。

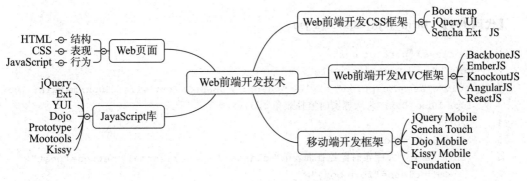

图 6-24   Web 前端开发技术

6.3   Web 端软件实现

6.3.1   远程农业监控系统实现

1. 大棚实时监控实现

此功能主要实现对大棚环境的实时监控,并控制其通风机、补光灯、天窗、窗帘等设备。具体功能页面设计如图 6-25 所示。

实现步骤如下。

1)HTML+CSS 构建页面整体结构

分析大棚实时监控结构,并进行页面 HTML 构建。该结构主要涉及 farm_ycjk_ssjk/ssjk.jsp 页面,以及在 index.jsp 页面的菜单编辑,如代码 6-1 和代码 6-2 所示。

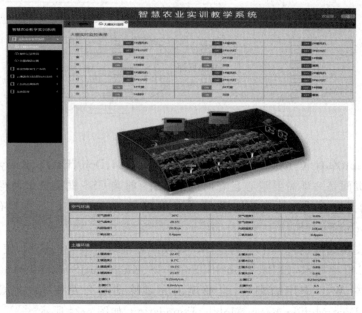

图 6-25   远程农业监控子系统-大棚实时监控

【代码 6-1】   farm_ycjk_ssjk/ssjk.jsp

```
1   <div class="portlet box">
2   <div class="portlet-title">
3   < div class="caption" style="color: # 0B8B60; font-size: 20px; margin: 10px
    10px 10px 10px;"> 大棚实时监控表单</div>
4   </div>
5   <div class="portlet-body">
6   <form name="大棚实时监控查询表单" class="form-horizontal" method="post">
7       <div class="form-body">
8           <div id="switchdiv"></div>
9       </div>
10          <div class="row">
11              <div class="col-md-12" style="background-color: white;">
12              <img src="${ctx}/resources/images/ssjk/pic01.jpg" style="width:
                100% ;margin-top: 20px;margin-bottom: 20px;padding-right: 40px;
                margin-left: 20px;">  </div>
13          </div>
14      <div>
15          <p class="bg-success"> 空气环境</p>
16          <table class="table table-bordered"  style="text-align:center;">
17          <tr class="row">
18              <td class="col-md-3"> 空气温度 1</td>
19              <td class="col-md-3"> 26℃</td>
20              <td class="col-md-3"> 空气湿度 1</td>
21              <td class="col-md-3"> 0.8%</td>
22          </tr>
23          ...
```

```
24            </table>
25        </div></div>
26 <p class="bg-success">土壤环境</p>
27 <table class="table table-bordered" style="text-align:center;">
28    <tr class="row">
29        <td class="col-md-3">土壤温度 1</td>
30        <td class="col-md-3">22.4℃</td>
31        <td class="col-md-3">土壤水分 1</td>
32        <td class="col-md-3">1.0%</td>
33    </tr>
34    ...
35 </table>
36 </div>
37 </form>
38 </div></div>
```

【代码 6-2】 index.jsp 菜单编辑

```
1 {
        sid : "20151031",
        text : "大棚实时监控",
        iconCls : "fs icon-cloud-upload",
        url : "${ctx}/webview/farm_ycjk_ssjk/ssjk.jsp",
        mode : "ajaxify"
    }
```

2）CSS 整体框架布局及样式

根据图 6-26 分析页面的布局，书写大棚实时监控页面的 CSS 内部样式如代码 6-3 所示。

【代码 6-3】 大棚实时监控内部样式

```
1 <style type="text/css">
2 body {background-color: #6CC5A1}
3 .bg-success
   {font-size: 20px; text-align: left; color: white; background-color: # 0B8B60;
   padding:10px}
4 </style>
```

3）大棚实时监控页面 JavaScript 代码实现

将大棚实时监控页面的页面数据初始化、单击开关按钮访问后台等动态效果，代码 6-4 为其 JavaScript 代码实现。

【代码 6-4】 大棚实时监控页面内部 JavaScript

```
1 <script type="text/javascript">
2 /*系统页面加载后初始化处理*/
3 $(function(){
4      //初始化页面数据
5      $.ajax({
```

177

```
6              type:"post",
7              url:"${ctx}/farm_ycjk_ssjk/getOne",
8              data:{sid:1},
9              dataType:"json",
10             success:function(data){
11                 //将页面数据动态加载出来,拼接开关按钮
12                 var html='';
13          html+='<table class="table table-bordered" style="text-align:
       center;">';
14       ...    //拼接动态表格
15                 html+='</table>';
16             $("#switchdiv").append(html);
17             //使用bootstrapSwitch插件初始化开关按钮
18             $('.ec').bootstrapSwitch({
19                 onText:"ON",
20                 offText:"OFF",
21                 onColor:"success",
22                 offColor:"danger",
23                 size:"normal",
24                 onSwitchChange:function(event,state){      //绑定选择事件
25                     var obj={};
26                     obj.sid=1;
27                     var attr1=$(this).attr("name");
28                     state=state?"1":"2";
29                     obj[""+attr1+""]=state;
30                     console.log(obj);
31             $.ajax({        //开关操作后台数据库
32                 type:"post",
33                 url:"${ctx}/farm_ycjk_ssjk/updateDataState",
34                 data:obj,
35                 dataType:"json",
36                 success:function(data){
37                     $.message.alert({message:data.message});
38                 }
39             });
40         }});}}); });
41 </script>
```

其中,开关按钮是由 bootstrapSwitch 插件来维护的,只需要导入对应的资源即可使用,可在 includes/plugins.jsp 文件下统一导入资源,如代码 6-5 所示。

【代码 6-5】 includes/plugins.jsp

```
1 <script type="text/javascript" src="<c:url
  value='/resources/js/bootstrap-switch.js'></c:url> " charset="UTF-8">
  </script>
```

2. 操作记录查询实现

此功能主要实现对登录用户的操作记录进行查询,并显示其设备名称、操作指令、处理

状态、处理时间、备注以及操作员名。

具体功能页面设计如图 6-26 所示。

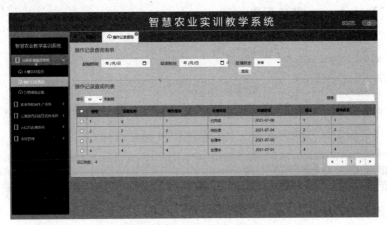

图 6-26　远程农业监控子系统-操作记录查询

实现步骤如下。

1) HTML＋CSS 构建页面整体结构

分析操作记录查询页面结构,并进行页面 HTML 构建。在这一步主要涉及 farm_ycjk_czjl/find.jsp 页面,以及在 index.jsp 页面的菜单编辑,如代码 6-6 和代码 6-7 所示。

【代码 6-6】　farm_ycjk_czjl/find.jsp

```
1   <div class="portlet box">
2    <div class="portlet-title" style="">
3       <div class="caption"
4       style="color: white; font-size: 20px; color: #0b8b60;"> 操作记录查询表单</div>
5    </div>
6     <div class="portlet-body">
7     <form name="操作记录查询表单" class="form-horizontal" method="post">
8        <div class="form-body">
9        ...  //查询表单

10       </div>
11     </form>
12    </div>
13  </div>
14  <div class="portlet box bordered">
15    <div class="portlet-title">
16  <div class="caption" style="font-size: 20px; color: #0b8b60;"> 操作记录查询列
    表</div>
17    </div>
18    <div class="portlet-body">
19        <table title="操作记录查询列表"
20  class="table datagrid table-striped table-bordered table-hover order-farm_
    ycjk_czjl">
21      </table>
```

```
22   </div>
23  </div>
```

【代码 6-7】 index.jsp 菜单配置

```
1  {
       sid : "20151031",
       text : "操作记录查询",
       iconCls : "fs icon-cloud-upload",
       url : "${ctx}/webview/farm_ycjk_czjl/find.jsp",
       mode : "ajaxify"
   }
```

2）操作记录查询 JavaScript 实现

操作记录查询需要完成列表加载、数据查询等动态效果，代码 6-8 和代码 6-9 为其 JavaScript 代码实现。

【代码 6-8】 farm_ycjk_czjl/find.jsp 内置 JS

```
1  <script type="text/javascript" src="${ctx}/webview/farm_ycjk_czjl/script/
   farm_ycjk_czjl.js" charset="UTF-8"></script>
2   <script type="text/javascript">
3   $(function() {   //系统页面加载后初始化处理.
4      //查询大棚实时监控
5      getFarm_ycjk_czjl("table[title=操作记录查询列表]");
6      $("form[name= 操作记录查询表单] button[title= 查询]").on("click", function() {
7        var datagrid=$("table[title=操作记录查询列表]").datagrid();
8        datagrid.api().ajax.reload();
9      });
10      $("form[name=操作记录查询表单] button[title=清空]").on("click",
   function() {
11        clear("form[name=操作记录查询表单]");
12      });
13    });
14  </script>
```

其中，farm_ycjk_czjl/script/farm_ycjk_czjl.js 是操作记录查询的支撑 JS。

【代码 6-9】 farm_ycjk_czjl/script/farm_ycjk_czjl.js

```
1  function getFarm_ycjk_czjl(element){
2    $(element).datagrid( {
3    ...                          //datagrid初始化代码
4  } );
5  function save(element){          //保存页面
6  $(element).ajaxSubmit({
7  beforeSubmit: function(arr, $form, options) {
8      return $(element).validation("validate");
9  },
10    success:function(data){
11        $.message.alert({
```

```
12              message:data.message,
13              callback:function(){
14                  if(data.success){
15                      var datagrid=$("table[title=操作记录查询列表]").datagrid();
16                      datagrid.api().ajax.reload();
17                  }
18              }
19          });
20      },
21      error:function(data){$.message.alert({message:data.message});}
22  });
23  }
```

3. 告警阈值设置实现

此功能主要是用来设置空气温度、空气湿度、二氧化碳浓度、光照强度、土壤温度、土壤水分、土壤EC、土壤pH等的上限值和下限值的,当数据高于上限值或低于下限值的时候就会报警。具体功能页面设计如图6-27所示。

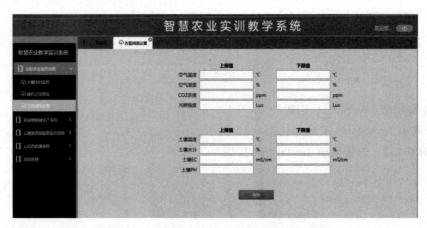

图6-27　远程农业监控子系统-告警阈值设置

实现步骤如下。

1) HTML+CSS构建页面整体结构

分析图6-28告警阈值结构,进行HTML构建,以及在index.jsp页面的菜单配置,如代码6-10和代码6-11所示。

【代码6-10】　告警阈值HTML页面实现

```
1  <div class="portlet-box">
2      <div class="portlet-body">
3          <form name="告警阈值表单" class="form-horizontal" action="${ctx}/farm_
           ycjk_gjyz/save"  method="post">
4          ... //告警阈值表单代码
5          </form>
6      </div>
7  </div>
```

【代码 6-11】 index.jsp 菜单配置

```
1  {
        sid : "20151031",
        text : "告警阈值设置",
        iconCls : "fs icon-cloud-upload",
        url : "${ctx}/webview/farm_ycjk_gjyz/add.jsp",
        mode : "ajaxify"
   }
```

2）告警阈值内部 CSS 样式实现

告警阈值内部 CSS 样式实现如代码 6-12 所示。

【代码 6-12】 告警阈值内部 CSS 样式

```
1  <style>
2      .portlet-box{height: 628px;background-color: #D3EEE3;position: relative; }
3      .table> tr> td{text-align: center; }
4      table th{text-align: left; }
5      table{border-collapse:separate;border-spacing:5px; }
6      .air table th, .tu table th{text-align: -webkit-right;font-weight:500; font-size:17px; }
7      .form-horizontal{font-size:17px; }
8  </style>
```

3）告警阈值 JavaScript 实现

告警阈值 JavaScript 实现如代码 6-13 所示。

【代码 6-13】 告警阈值 JavaScript 实现

```
1  <script type="text/javascript"
   src="${ctx}/webview/farm_ycjk_gjyz/script/farm_ycjk_gjyz.js"
   charset="UTF-8"></script>
2  <script type="text/javascript">
3  $(function() {                          //系统页面加载后初始化处理
4      $("form[name=告警阈值表单] button[title=保存]").on("click",function(){
5          save("form[name=告警阈值表单]");
6      });
7  });
8  </script>
```

告警阈值专用 JS 文件 farm_ycjk_gjyz/script/farm_ycjk_gjyz.js 如代码 6-14 所示。

【代码 6-14】 farm_ycjk_gjyz/script/farm_ycjk_gjyz.js

```
1  function save(element){
2      $(element).ajaxSubmit({
3      beforeSubmit: function(arr, $form, options) {
4          return $(element).validation("validate");
5      },
6      success:function(data){
7          $.message.alert({
```

```
8              message:data.message,
9              callback:function(){
10                 if(data.success){
11                     var datagrid=$("table[title=告警阈值设置表]").datagrid();
12                     datagrid.api().ajax.reload();
13                 }
14              }
15          });
16      },
17      error:function(data){$.message.alert({message:data.message});}
18  });
19  }
```

6.3.2　农业物联网生产系统实现

1. 灾害预警实现

此功能主要实现农作物在温度、湿度超过正常范围的情况下的预警等级。

1）HTML+CSS 构建页面布局及美化

观察图 6-28，分析这部分的 HTML 结构，完整的页面结构见 farm_ycjk_zhyj/zhyj.jsp
文件，如代码 6-15 所示。

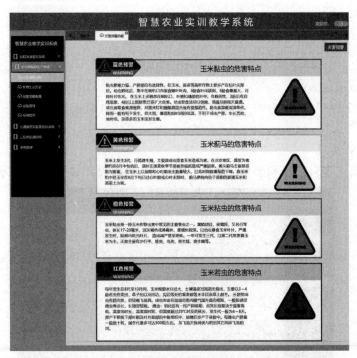

图 6-28　农业物联网生产管理子系统—灾害预警

【代码 6-15】　farm_ycjk_zhyj/zhyj.jsp

```
1   <div class="portlet box" style=" background-color: #D3EEE3; position: relative;">
2   <div class="portlet-title" style="margin-bottom: 30px;">
```

```
3    <div class="caption" style="width:100px;text-align:center;color:white;
     float:right;background-color:# 0B8B60"> 灾害预警</div>
4    </div>
5    ...  //灾害预警代码
6    </div>
7    </div>
```

index.jsp 菜单配置如代码 6-16 所示。

【代码 6-16】 index.jsp 菜单配置

```
1    {
         sid : "20151041",
         text : "灾害预警功能",
         iconCls : "fs icon-cloud-upload",
         url : "${ctx}/webview/farm_ycjk_zhyj/zhyj.jsp",
         mode : "ajaxify"
     }
```

2）灾害预警内部 CSS 样式
灾害预警内部 CSS 样式如代码 6-17 所示。

【代码 6-17】 灾害预警内部 CSS 样式

```
1    <style type="text/css">
2      body {background-color: # 6CC5A1}
3       .bg-success
        {font-size: 20px; text-align: left; color: white; background-color: # 0B8B60;
        padding:10px}
4      .bp{font-size:30px;text-align:center;height:70px}
5    </style>
```

2. 环境趋势实现

此功能主要实现对空气和土壤环境的趋势分析，页面设计如图 6-29 所示。

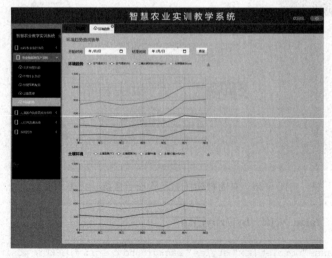

图 6-29 农业物联网生产管理子系统—环境趋势

实现步骤如下。

1) HTML＋CSS 构建页面布局及美化

观察图 6-30，分析这部分的 HTML 结构，完整的页面结构见 hjqs/hjqs.jsp 文件，如代码 6-18 所示。

【代码 6-18】　hjqs/hjqs.jsp

```
1  <div class="portlet box ">
2    <div class="portlet-title">
3    <div class="caption" style="color: #0b8b60;font-size: 20px;"> 环境趋势查询表
       单</div>
4    </div>
5    <div class="portlet-body">
6      <form name="环境趋势查询表单" class="form-horizontal" method="post">
7        <div class="form-body">
8            ...  //查询表单代码
9        </div>
10     </form>
11   </div>
12 </div>
```

index.jsp 菜单配置如代码 6-19 所示。

【代码 6-19】　index.jsp 菜单配置

```
1  {
       sid : "20151041",
       text : "环境趋势",
       iconCls : "fs icon-cloud-upload",
       url : "${ctx}/webview/hjqs/hjqs.jsp",
       mode : "ajaxify"
   }
```

2) 环境趋势内部 JavaScript 实现

环境趋势 JavaScript 实现如代码 6-20 和代码 6-21 所示。

【代码 6-20】　hjqs/hjqs.jsp 内部 js 代码

```
1  <script type="text/javascript" src="${ctx}/webview/hjqs/script/farm_ycjk_
   hjqs.js" charset="UTF-8"></script>
2    <script type="text/javascript">
3    $(function() {
4        kqhjChart();
5        trhjChart();
6  });
7  </script>
```

【代码 6-21】　hjqs/script/farm_ycjk_hjqs.js

```
1  function kqhjChart(){
2    var chartDom=document.getElementById('kqhj');
```

```
3    var myChart=echarts.init(chartDom);
4    var option;
5    option={
6        title:{text:'环境趋势'},
7        ...  //echart 相关配置代码
8    };
9    option && myChart.setOption(option);
10   }
11   function trhjChart(){
12   var chartDom=document.getElementById('trhj');
13   var myChart=echarts.init(chartDom);
14   var option;
15   option={
16           title:{text:'土壤环境'},
17           ...  //echart 相关配置代码
18   };
19   option && myChart.setOption(option);}
```

构建折线图使用到 echart 插件,只需导入相关插件资源即可使用,可在 includes/plugins.jsp 文件中统一导入资源。

```
<script type="text/javascript" src="<c:url
value='/resources/js/echarts.min.js'></c:url> " charset="UTF-8"></script>
```

3. 设备管理实现

此功能主要是用来配置系统设备的功能,包括对设备的 ID、名称、类型、投入情况、设备状态、所在位置和其他信息等基本信息进行增删改查,并且可以实时监听设备的运行状态。具体功能页面设计如图 6-30 所示。

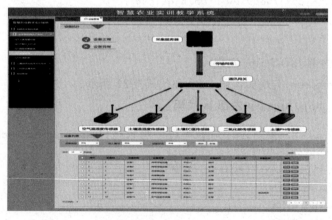

图 6-30 农业物联网生产管理子系统—设备管理

实现步骤如下。

1) HTML+CSS 构建页面布局及美化

观察图 6-31,分析这部分的 HTML 结构,完整的页面结构见 farm_ycjk_sbgl/sbgl.jsp 文件,如代码 6-22 所示。

【代码 6-22】 farm_ycjk_sbgl/sbgl.jsp

```
1   <div class="portlet box " style="background-color:#D3EEE3">
2     <div class="row" style="font-size: 20px;margin-left: 17px;margin-top: 5px;
      width: 1218px;width: 1218px;margin-right: 0px;">
3     <img alt="tbar" src="/framing/resources/images/devtt.png" style="width:
      80%;width: 1187px;margin-top: 10px;">
4     <div style="padding-top: -18px;margin-top: -35px;margin-left: 20px;"> 设备拓
      扑</div>
5     </div>
6     ...   //设备管理代码
7     </div>
8   </div>
```

index.jsp 菜单配置如代码 6-23 所示。

【代码 6-23】 index.jsp 菜单配置

```
1   {
        sid : "20151041",
        text : "设备管理",
        iconCls : "fs icon-cloud-upload",
        url : "${ctx}/webview/farm_ycjk_sbgl/sbgl.jsp",
        mode : "ajaxify"
    }
```

2）设备管理内部 JavaScript 实现

设备管理内部 JavaScript 实现如代码 6-24 和代码 6-25 所示。

【代码 6-24】 设备管理内部 JavaScript 实现

```
1   <script type="text/javascript"
    src="${ctx}/webview/farm_ycjk_sbgl/script/farm_ycjk_sbgl.js"
    charset="UTF-8"></script>
2   <script type="text/javascript">
3   $(function() {   //系统页面加载后初始化处理
4       //查询大棚实时监控
5       getFarm_ycjk_sbgl("table[title=设备列表]");
6       //新增大棚实时监控
7       $("form[name=设备管理查询表单] button[title=新增]").on("click", function
        () {
8           add();
9       });
10          $("form[name=设备管理查询表单] button[title=查询]").on("click",
            function() {
11              var datagrid=$("table[title=设备列表]").datagrid();
12              datagrid.api().ajax.reload();
13          });
14          $("form[name=设备管理查询表单] button[title=清空]").on("click",
            function() {
15              clear("form[name=设备管理查询表单]");
```

```
16        });
17    });
18  </script>
```

设备管理专用 farm_ycjk_sbgl/script/farm_ycjk_sbgl.js 如代码 6-25 所示。

【代码 6-25】 farm_ycjk_sbgl/script/farm_ycjk_sbgl.js

```
1  function getFarm_ycjk_sbgl(element){
2    $(element).datagrid({
3      ...  //datagrid初始化配置代码
4    });
5  /***打开修改页面 */
6  function toUpdate(params){
7    $(".jhtml-tabs").tabs("add",{
8      text: "修改设备信息",
9      url: path+"/webview/farm_ycjk_sbgl/sbgl_update.jsp? sid="+params.sid,
10       flush:true,
11       close: true
12     });
13  }
14  /**打开新增页面 */
15  function add(){
16  $(".jhtml-tabs").tabs("add",{
17     text: "新增设备信息",
18     url: path+"/webview/farm_ycjk_sbgl/sbgl_add.jsp",
19     flush:true,
20     close: true
21   });
22  }
23  /**保存页面 */
24  function save(element){
25  $(element).ajaxSubmit({
26    beforeSubmit: function(arr, $form, options) {
27       return $(element).validation("validate");
28     },
29    success:function(data){
30       $.message.alert({
31          message:data.message,
32          callback:function(){
33             if(data.success){
34                var datagrid=$("table[title=设备列表]").datagrid();
35                datagrid.api().ajax.reload();
36             }
37          }
38       });
39     },
40    error:function(data){$.message.alert({message:data.message});}
41  });
```

```
42  }
43  /*根据 ID 删除*/
44  function deleteById(params){
45  var sid=params.sid;
46  if(/[^(^\s*)|(\s*$)]/.test(sid)){
47      $.message.confirm('您确认想要删除记录吗？',function(r){
48      if(r){
49              $.ajax({
50                  type:"POST",
51                  dataType:"json",
52                  contentType: "application/json; charset=utf-8",
53                  url: path+"/farm_ycjk_sbgl/delete",
54                  data:"[{\"sid\";\""+sid+"\"}]",
55                  success: function(data) {
56                      $.message.alert({
57                          message:data.message,
58                          callback:function(){
59                              if(data.success){
60                          var datagrid=$('table[title=设备列表]').datagrid();
61                              datagrid.api().ajax.reload();
62                          }
62                      }
64                  });
65                  },
66                  error: function(data){$.message.alert(data.message);}
67          });
68      }
69      });
70  }else{
71      $.message.alert("请选择要删除的记录!");
72      return;
73  }
74  }
```

6.3.3　云溯源查询监管应用系统实现

信息发布功能需要实现平台信息的增删改查。具体功能页面设计如图 6-31 所示。

图 6-31　云溯源查询监管应用子系统—信息发布

实现步骤如下。

1）信息发布列表查询实现

观察图 6-32，分析这部分的 HTML 结构，完整的页面结构见 farm_ycjk_xxfb/xxfb.jsp
文件，如代码 6-26 所示。

【代码 6-26】 farm_ycjk_xxfb/xxfb.jsp

```
1  <div class="portlet box ">
2  <div class="portlet-title">
3  <div class="caption" style="color:white; float:left;background-color:#
   0B8B60;width:150px;text-align:center;font-size: 23px;
4  padding-bottom: 11px;"> 信息管理</div>
5  ...  //信息管理代码
6  </div>
7  </div>
```

index.jsp 菜单配置如代码 6-27 所示。

【代码 6-27】 index.jsp 菜单配置

```
1  {
       sid : "20151051",
       text : "信息发布",
       iconCls : "fs icon-cloud-upload",
       url : "${ctx}/webview/farm_ycjk_xxfb/xxfb.jsp",
       mode : "ajaxify"
   }
```

2）信息发布内部 JavaScript 实现

信息发布内部 JavaScript 实现如代码 6-28 和代码 6-29 所示。

【代码 6-28】 信息发布内部 JavaScript 实现

```
1  <script type="text/javascript"
   src="${ctx}/webview/farm_ycjk_xxfb/script/farm_ycjk_xxfb.js"
   charset="UTF-8"></script>
2  <script type="text/javascript">
3  $(function() {
4      //查询大棚实时监控
5      getFarm_ycjk_xxfb("table[title=信息管理列表]");
6      //新增大棚实时监控
7      $("form[name=信息管理表单] button[title=xxfb 新增]").on("click", function
   () {
8          add();
9      });
10             $("form[name=信息管理表单] button[title=查询]").on("click",
           function() {
11             var datagrid=$("table[title=信息管理列表]").datagrid();
12             datagrid.api().ajax.reload();
13         });
14     });
```

```
15  </script>
```

信息发布专用 farm_ycjk_xxfb/script/farm_ycjk_xxfb.js 如代码 6-29 所示。

【代码 6-29】　farm_ycjk_xxfb/script/farm_ycjk_xxfb.js

```
1  function getFarm_ycjk_xxfb(element){
2  $(element).datagrid( {
3  ...  //datagrid初始化代码
4  } );
5  function toUpdate(params){              //打开修改页面
6    $(".jhtml-tabs").tabs("add",{
7        text:"修改信息",
8        url: path+"/webview/farm_ycjk_xxfb/xxfb_update.jsp? sid="+params.sid,
9        flush:true,
10         close: true
11     );
12  }
13  function add(){                         //打开新增页面
14  $(".jhtml-tabs").tabs("add",{
15        text:"新增信息",
16        url: path+"/webview/farm_ycjk_xxfb/xxfb_add.jsp",
17        flush:true,
18        close: true
19     });
20  }
21  /**保存页面 */
22  function save(element){
23  $(element).ajaxSubmit({
24    beforeSubmit: function(arr, $form, options) {
25        return $(element).validation("validate");
26    },
27    success:function(data){
28        $.message.alert({
29          message:data.message,
30          callback:function(){
31              if(data.success){
32                  var datagrid=$("table[title=信息管理列表]").datagrid();
33                  datagrid.api().ajax.reload();
34              }
35          }
36       });
37    },
38    error:function(data){$.message.alert({message:data.message});}
39  });
40  }
41  /*根据 ID 删除 */
42  function deleteById(params){
43  var sid=params.sid;
```

```
44   if(/[^(^\s*)|(\s*$)]/.test(sid)){
45       $.message.confirm('您确认想要删除记录吗？',function(r){
46       if(r){
47           $.ajax({
48               type: "POST",
49               dataType:"json",
50               contentType: "application/json; charset=utf-8",
51               url: path+"/farm_ycjk_xxfb/delete",
52               data:"[{\"sid\":\""+ sid+"\"}]",
53               success: function(data) {
54                   $.message.alert({
55                       message:data.message,
56                       callback:function(){
57                           if(data.success){
58                           var datagrid=$('table[title=信息管理列表]').datagrid();
59                               datagrid.api().ajax.reload();
60                           }
61                       }
62                   });
63               },
64               error: function(data){$.message.alert(data.message);}
65           });
66       }
67   });
68   }else{
69       $.message.alert("请选择要删除的记录!");
70       return;
71   }
72   }
```

3）信息发布新增功能实现

信息发布新增功能实现如代码 6-30 和代码 6-31 所示。

【代码 6-30】 信息发布新增 HTML 页面

```
1  <div class="union-content union-tasks">
2  <div class="portlet box bordered">
3      <div class="portlet-title">
4          <div class="caption"  style="color:#0B8B60;font-size: 25px;margin-top: 10px;margin-left: 10px;">
5              <i class="fs icon-pin font-yellow-crusta"></i> 新增信息
6          </div>
7      </div>
8      <div class="portlet-body">
9          <form name="信息发布表单" class="form-horizontal" action="${ctx}/farm_ycjk_xxfb/save"  method="post" style="margin-top: 10px;">
10             ... //新增信息表单代码
11  </form></div></div></div>
```

【**代码 6-31**】 信息发布内部 JavaScript

```
1   <script type="text/javascript"
    src="${ctx}/webview/farm_ycjk_xxfb/script/farm_ycjk_xxfb.js"
    charset="UTF-8"></script>
2   <script type="text/javascript">
3   $(function() {
4       var ue=UE.getEditor('xz_editor');
5       //查询
6       load("form[name=信息发布表单] select[name=roleid]");
7       $("form[name=信息发布表单] button[title=保存]").on("click",function(){
8           $("input[name=info_content]").val(ue.getAllHtml());
9           save("form[name=信息发布表单]");
10      });
11       $("form[name=信息发布表单] button[title=关闭]").on("click", function
        () {
12           $(".jhtml-tabs").tabs("remove", {text:"新增信息"});
13          $(".jhtml-tabs").tabs("select",{text:"信息发布"});
14      });
15  });
16  </script>
```

其中富文本编辑器使用百度编辑器(图 6-32),在如代码 6-32 所示的 includes/plugins.jsp 中导入相关资源即可使用。

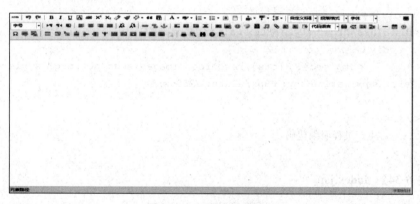

图 6-32 百度编辑器效果

【**代码 6-32**】 includes/plugins.jsp

```
1   <script type="text/javascript" src="<c:url
    value= '/resources/plugins/ueditor/ueditor.config.js'/>" charset="UTF-8">
    </script>
2   <script type="text/javascript" src="<c:url
    value='/resources/plugins/ueditor/ueditor.all.min.js'/>" charset="UTF-8">
    </script>
3   <script type="text/javascript" src="<c:url
    value='/resources/plugins/ueditor/lang/zh-cn/zh-cn.js'/>" charset="UTF-8">
    </script>
```

6.3.4 云信息追溯系统实现

云信息追溯系统具体功能页面设计如图 6-33 所示。

图 6-33 云信息追溯子系统—生产过程

1) HTML＋CSS 构建页面整体结构

分析图 6-34 生产过程页面结构，进行 HTML 构建，以及在 index.jsp 页面的菜单编辑，如代码 6-33 和代码 6-34 所示。

【代码 6-33】 farm_ycjk_scgc/scgc.jsp

```
1  <div class="portlet box">
2    <div class="row" style="text-align:center">
3      <div calss="col-md-12">
4        < img src="${ctx}/resources/images/scgc/p01.png" style="margin-
   left: 30px;margin-top: 20px;width: 1250px;">
5      </div>
6    </div>
7    ... //生产过程明细代码
8  </div>
```

【代码 6-34】 index.jsp

```
1  {
2      sid : "20151061",
3      text : "生产过程",
4      iconCls : "fs icon-cloud-upload",
5      url : "${ctx}/webview/farm_ycjk_scgc/scgc.jsp",
6      mode : "ajaxify"
7  }
```

2) 生产过程列表页面内部 JavaScript 实现如代码 6-35 所示。

【代码 6-35】 生产过程列表页面内部 JavaScript 代码

```
1   <script type="text/javascript"
    src="${ctx}/webview/farm_ycjk_scgc/script/farm_ycjk_scgc.js"
```

```
        charset="UTF-8"></script>
2   <script type="text/javascript">
3   $(function() {
4       //查询大棚实时监控
5       getFarm_ycjk_scgc("table[title=生产过程明细列表]");
6       //新增大棚实时监控
7       $("form[name=生产过程明细表单] button[title=scgc 新增]").on("click",
        function() {
8           add();
9       });
10      $("form[name=生产过程明细表单] button[title=查询]").on("click",
        function() {
11          var datagrid=$("table[title=生产过程明细列表]").datagrid();
12          datagrid.api().ajax.reload();
13      });
14  });
15  </script>
```

生产过程专用 JavaScript 文件，farm_ycjk_scgc/script/farm_ycjk_scgc.js 如代码 6-36
所示。

【代码 6-36】　farm_ycjk_scgc/script/farm_ycjk_scgc.js

```
1   function getFarm_ycjk_scgc(element){
2   $(element).datagrid( {
3   ...  //datagrid 初始化代码
4   } );
```

6.3.5　系统管理实现

1. 用户管理实现

用户管理功能主要需要实现系统管理员的增删改查功能。

具体页面设计如图 6-34 所示。

图 6-34　系统管理子系统—操作员管理

1）HTML＋CSS 构建页面整体结构

分析图 6-35 系统管理子系统页面结构，进行 HTML 构建，以及在 index.jsp 页面的菜单编辑，如代码 6-37 和代码 6-38 所示。

【代码 6-37】 userInfo/find.jsp

```
1  <div class="portlet box ">
2  <div class="portlet-title">
3      <div class="caption" style="color: #0b8b60; font-size: 20px;"> 用户信息表单</div>
4  </div>
5  ...  //用户信息表单代码
6  </div>
```

【代码 6-38】 index.jsp

```
1  {
2       sid : "2015101",
3       text : "用户管理",
4       iconCls : "fs icon-notebook",
5       url : "${ctx}/webview/userInfo/find.jsp",
6       mode : "ajaxify"
7  }
```

2）用户管理内部 JavaScript 实现

用户管理内部 JavaScript 实现如代码 6-39 所示。

【代码 6-39】 用户管理内部 JavaScript

```
1  <script type="text/javascript"
2  src="${ctx}/webview/userInfo/script/userInfo.js" charset="UTF-8"></script>
3  <script type="text/javascript">
4  $(function() {
5     //查询用户信息
6     getUserInfo("table[title=用户信息列表]");
7     //新增用户信息
8     $("form[name=用户信息查询表单] button[title=新增]").on("click", function() {
9         add();
10        });
11        $("form[name=用户信息查询表单] button[title=查询]").on("click",
           function() {
12            var datagrid=$("table[title=用户信息列表]").datagrid();
13            datagrid.api().ajax.reload();
14        });
15        $("form[name=用户信息查询表单] button[title=清空]").on("click",
           function() {
16            clear("form[name=用户信息查询表单]");
17        });
18        $("button[title=批量删除]").on("click", function() {
19            deleteChartInfo("table[title=用户信息列表]");
```

```
20        });
21      });
22  </script>
```

用户管理专用 userInfo/script/userInfo.js 如代码 6-40 所示。

【代码 6-40】 userInfo/script/userInfo.js

```
1     function getUserInfo(element){
2       $(element).datagrid( {
3       ...  //datagrid初始化代码
4       } );
5     /**打开用户新增页面*/
6     function add(){
7       $(".jhtml-tabs").tabs("add",{
8           text: "新增用户",
9           url: path+"/webview/userInfo/add.jsp",
10          flush:true,
11          close: true
12        });
13    }
14    /*打开用户修改页面 */
15    function toUpdate(params){
16      $(".jhtml-tabs").tabs("add",{
17          text: "修改用户",
18          url: path+"/webview/userInfo/update.jsp?sid="+ params.sid,
19          flush:true,
20          close: true
21        });
22    }
23    /***保存用户页面 */
24    function save(element){
25      ...
26    }
27    /*根据 ID 删除用户 */
28    function deleteById(params){
29      ...
30    }
31    /**批量删除用户信息 */
32    function deleteChartInfo(element, params){
33      ...
34    }
```

3）用户添加实现

用户添加实现如代码 6-41 和代码 6-42 所示。

【代码 6-41】 user/add.jsp

```
1  <div class="union-content union-tasks">
2  <div class="portlet box bordered">
```

```
3              <div class="portlet-title">
4                  <div class="caption"  style="color: #0B8B60;font-size: 20px;">
5                      <i class="fs icon-pin font-yellow-crusta"></i> 新增用户信息
6                  </div>
7              </div>
8              ... //新增用户信息代码
9          </div>
```

【代码 6-42】 用户管理内部 JavaScript 代码实现

```
1  < script type="text/javascript" src="${ctx}/webview/userInfo/script/userInfo.
   js" charset="UTF-8"></script>
2  < script type="text/javascript">
3  $(function() {
4      $("form[name=新增用户信息表单] button[title=保存]").on("click", function
       () {
5          save("form[name=新增用户信息表单]");
6      });
7      $("form[name=新增用户信息表单] button[title=关闭]").on("click", function
       () {
8          $(".jhtml-tabs").tabs("remove", {
9              text: "新增用户"
10             });
11         $(".jhtml-tabs").tabs("select",{
12              text: "用户管理"
13         });
14     });
15 });
16 </script>>
```

2. 系统日志实现

系统日志功能主要实现记录系统用户的日常操作功能。具体页面设计如图 6-35 所示。

图 6-35   系统管理子系统—系统日志

1) HTML＋CSS 构建页面整体结构

分析图 6-35 系统管理子系统页面结构，进行 HTML 构建，以及在 index.jsp 页面的菜单编辑，如代码 6-43 和代码 6-44 所示。

【代码 6-43】　farm_ycjk_log/log.jsp

```
1  <div class="portlet box ">
2  <div class="portlet-body">
3  <form name="日志查询表单" class="form-horizontal" method="post" style="font-
   size: 17px; ">
4    ...  //日志查询表单代码
5  </form>
6  </div>
7  </div>
```

【代码 6-44】　index.jsp

```
1  {
2      sid : "20151071",
3      text : "系统日志",
4      iconCls : "fs icon-cloud-upload",
5      url : "${ctx}/webview/farm_ycjk_log/log.jsp",
6      mode : "ajaxify"
7  }
```

2）系统日志内部 JavaScript 实现

系统日志内部 JavaScript 实现如代码 6-45 所示。

【代码 6-45】　系统日志内部 JavaScript

```
1  <script type="text/javascript"
   src="${ctx}/webview/farm_ycjk_log/script/farm_ycjk_log.js"
   charset="UTF-8"></script>
2  <script type="text/javascript">
3  $(function() {
4      getFarm_ycjk_log("table[title=日志查询列表]");
5      $("form[name=日志查询表单] button[title=查询]").on("click", function() {
6          var datagrid=$("table[title=日志查询列表]").datagrid();
7          datagrid.api().ajax.reload();
8      });
9  });
10 </script>
```

系统日志专用 farm_ycjk_log/script/farm_ycjk_log.js 如代码 6-46 所示。

【代码 6-46】　farm_ycjk_log/script/farm_ycjk_log.js

```
1  function getFarm_ycjk_log(element){
2  $(element).datagrid( {
3  ...  //datagrid初始化代码
4  });
```

参 考 文 献

［1］郭炳宇,王田甜,苏尚停,等.基于移动电商项目实战的移动互联 Web 前端开发［M］.北京：高等教育出版社,2017.

［2］聂常红.Web 前端开发技术［M］.北京：人民邮电出版社,2016.

［3］杨梅.Web 前端开发实践［M］.上海：上海交通大学出版社,2018.

［4］林珑.HTML 5 移动 Web 开发实战详解［M］.北京：清华大学出版社,2014.

［5］曹刘阳.编写高质量代码：Web 前端开发修炼之道［M］.北京：机械工业出版社,2010.

［6］党建.Web 前端开发最佳实践［M］.北京：机械工业出版社,2015.

［7］李鸿君,陈品华.Web 前端项目开发实践教程［M］.武汉：武汉大学出版社,2016.

［8］谢钟扬,郑志武.Web 前端开发基础［M］.重庆：重庆大学出版社,2016.